深圳市
水务标准体系研究

张海滨　盛志刚　尹　鑫　吕良华　著

·南京·

图书在版编目(CIP)数据

深圳市水务标准体系研究 / 张海滨等著. -- 南京 : 河海大学出版社，2023.12

ISBN 978-7-5630-8538-5

Ⅰ. ①深… Ⅱ. ①张… Ⅲ. ①城市用水—水资源管理—研究—深圳 Ⅳ. ①TU991.31

中国国家版本馆 CIP 数据核字(2023)第 236403 号

书　　名 深圳市水务标准体系研究
书　　号 ISBN 978-7-5630-8538-5
责任编辑 周　贤
特约校对 温丽敏
封面设计 张育智　刘　冶
出版发行 河海大学出版社
地　　址 南京市西康路 1 号(邮编:210098)
电　　话 (025)83737852(总编室)　(025)83722833(营销部)
(025)83787157(编辑室)
经　　销 江苏省新华发行集团有限公司
排　　版 南京布克文化发展有限公司
印　　刷 广东虎彩云印刷有限公司
开　　本 718 毫米×1000 毫米　1/16
印　　张 12.25
字　　数 187 千字
版　　次 2023 年 12 月第 1 版
印　　次 2023 年 12 月第 1 次印刷
定　　价 75.00 元

深圳市作为我国改革开放的前沿阵地，是我国标准化体系改革的先行者，也是我国标准化建设的示范高地。粤港澳大湾区、中国特色社会主义先行示范区建设和深圳综合改革试点实施，为深圳未来发展创造了重大历史机遇，创建社会主义现代化全国的城市范例，深圳必须从我国进入新发展阶段的大局出发，在经济、社会、城市、生态和政府服务各领域进一步发挥标准引领作用。

当前，深圳统筹水资源、水安全、水环境、水生态、水文化，全面推进水务领域系统治理，有力保障了经济社会高质量发展。然而，新时期深圳“双区”建设要求水务行业建设管理不断精细化，现状水务标准体系仍存在不足，难以适应当前深圳水务行业高质量快速发展的要求。为更好地服务和支撑粤港澳大湾区国家战略的实施和中国特色社会主义先行示范区的建设，不断提高深圳水务标准在水务发展中的引领支撑和约束规范作用，作者开展了深圳市水务标准体系国内外先进对标研究。

本书在大量调研工作及总结分析的基础上，对标国内外发达城市，提出了深圳现状水务标准体系的不足以及国内外发达城市值得深圳借鉴学习的标准体系构建方法、具体水务标准；研究提出了深圳水务标准体系架构的优化建议及水务标准建设任务建议；并针对水务标准管理工作提出了建设性建议，以期逐步完善深圳市水务标准体系，提高标准体系的先进性、全面性、特色性。

全书共分为7章。第1章绪论，介绍了深圳水务标准研究的主要背景，阐明了研究的重要性，确定了本书研究的主要内容。第2、3章梳理了以北京、上海、香港等为代表的国内发达城市和以新加坡、东京、伦敦、纽约等为代表的国际发达城市水务标准体系建设的基本情况，分析了国内外发达城市水务标准体系及水务各领域标准和主要控制指标的先进性。第4章深圳市水务发展定位分析，总结了深圳市城市发展定位的变化过程，梳理了主要水务发展规划及其他相关文件提出的水务发展目标、发展定量或定性指标，以及水务建设管理对水务标准的需求。第5章深圳市水务标准体系现状，主要介绍了深圳市现状水务标准体系的构成，梳理了现状深圳市发布的地方水务标准以及深圳市水务局发布的指导性技术文件，分析了现状水务标准体系对深圳市水务部门各项职责的支撑性。第6章国内外先进对标，分析了国内外发达城市值得借鉴学习的各领域水务标准以及相关经验、做法，总结了水务标准体系、主要控制指标、标准支撑薄弱领域等三个维度的国内外对标结果。第7章深圳市水务标准体系建设建议，提出深圳水务标准体系架构优化建议以及水务标准管理工作建议。

本书主要编写人员为南京水利科学研究院张海滨、尹鑫、吕良华、倪玲玲、杨苗，绍兴市镜岭水库建设运行中心盛志刚。绍兴市公用事业集团有限公司杨骅，深圳市水务局陈汉宁，深圳水务集团冀滨弘，深圳市龙岗河坪山河流域管理中心孙静月，南京水利科学研究院勘测设计院有限公司徐小婷，水利部水利水电规划设计总院潘扎荣、唐世南等为本书的编写做了大量工作。全书由张海滨统稿。在研究过程中得到了中国水利学会、中国水利水电科学研究院、清华大学、深圳市广汇源环境水务有限公司等单位给予的大力支持，在此深表感谢。感谢南京水利科学研究院出版基金资助。

由于编写时间仓促，作者水平有限，书中难免存在疏漏之处，敬请读者批评指正。

作者

目录

第 1 章

绪论

1.1 背景及必要性

深圳市作为我国改革开放的重要窗口，已成为一座充满魅力、动力、活力、创新力的国际化创新型城市。随着粤港澳大湾区国家战略的实施和中国特色社会主义先行示范区的建设，深圳市将率先探索全面建设社会主义现代化强国的新路径。水务作为支撑经济社会和生态环境协同发展的首要基础，应适度超前谋划，以实现率先发展。标准是一个行业发展的制高点，抢占标准，也就抢占了发展的先机，以标准作为引领，推动水务行业高效、高质量发展，也是水务行业发展到一定阶段，打破瓶颈，实现可持续发展的必然选择。

深圳市在水务发展过程中，始终把制定标准放在重要的位置，除用好相关国际标准、国家标准、行业标准、广东省标准外，深圳市水务行业已出台了地方标准 42 项。但随着水务行业建设管理不断的精细化，对人水关系和谐发展提出了新要求，现状水务标准体系难以适应当前深圳市水务行业高质量快速发展的要求。针对深圳市水务标准体系存在的不足，按照“急需先建”原则，在宏观层面上要加快完善对标国际一流城市的标准体系，在微观层面上要制订详细的标准发展计划，为水务高质量发展、治理体系和治理能力现代化奠定坚实基础。

在此背景下，为更好地服务和支撑粤港澳大湾区国家战略的实施和中国特色社会主义先行示范区的建设，实现水务先行的发展目标，必须不断提高深圳市水务标准在水务发展中的引领支撑和约束规范作用。

1.2 主要章节内容

本书主要章节内容包括以下几个方面：

(1) 国内发达城市水务标准体系研究。在资料收集和现场调研的基础上，开展国内发达城市水务标准体系建设情况及构建方法研究，分析国内发达城市水务标准体系及水务各领域标准主要控制指标的先进性。

(2) 国际发达城市水务标准体系研究。在城市水务发展情况、水务标准体系等相关基础资料收集、总结、分析的基础上,开展国际发达城市水务发展基本情况、水务标准体系构成特点分析,梳理并提出国际各发达城市水务标准发展的先进领域和标准中的先进指标,分析与深圳市密切相关的水务新兴领域标准和标准中主要控制指标的先进性。

(3) 深圳市水务标准体系现状研究。以现状深圳市水务标准体系为基础,结合广泛调研工作,深入、全面地分析深圳市水务标准体系存在的短板和各水务部门对水务标准的需求。

(4) 深圳市水务标准体系国内外先进对标研究。对标国内外发达城市水务标准体系,分析深圳市水务标准体系存在的差距,提出深圳市水务标准体系的改进方向,以及水务新兴领域标准和主要控制指标的发展定位和方向。

(5) 深圳市水务标准体系发展建议研究。按照构建具有深圳市特色的“工程有标准、管理有规范、考核有办法”水务标准体系的要求,提出深圳市水务标准体系发展建议和地方标准的制修订计划建议。

第 2 章
国内发达城市水务标准体系

本章主要介绍了高度城市化的上海、北京、香港国内发达城市水务标准体系建设的基本情况，分析了国内发达城市水务标准体系及水务各领域标准和主要控制指标的先进性，为后文国内外先进对标及借鉴学习提供依据。

2.1　上海市

2.1.1　水务标准体系基本情况

2019 年，上海市水务局基于上海市水务行业特色与水务行业部门职能特点，以及与上级主管部门管理和企业服务紧密衔接的要求，提出了上海市水务标准体系框架。该体系是由专业门类、功能序列、层次构成的三维框架结构(图 2-1)。

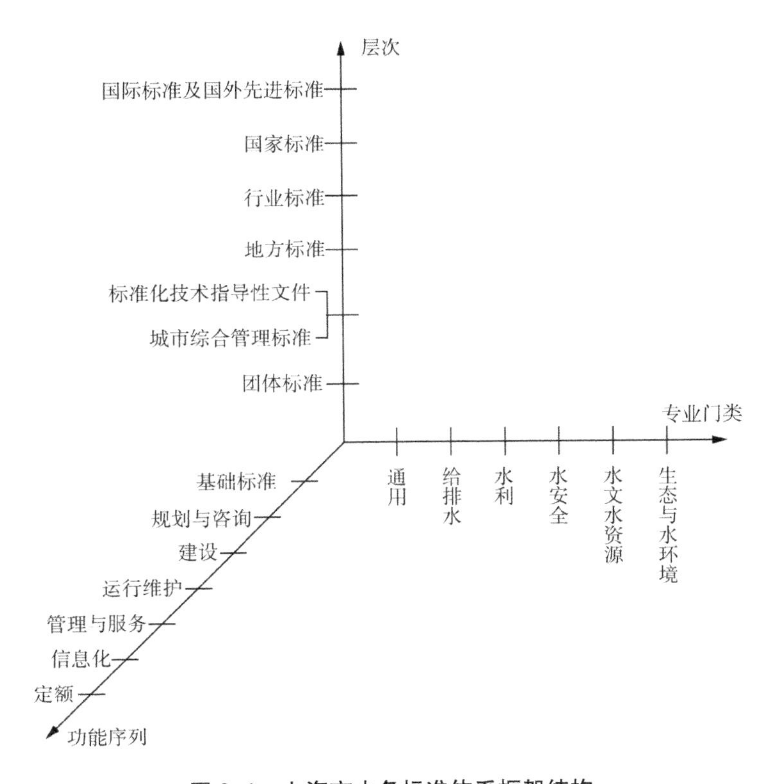

图 2-1　上海市水务标准体系框架结构

专业门类维度包括通用、给排水、水利、水安全、水文水资源、生态与水环境等 6 个一级专业门类、18 个二级专业门类(图 2-2)。

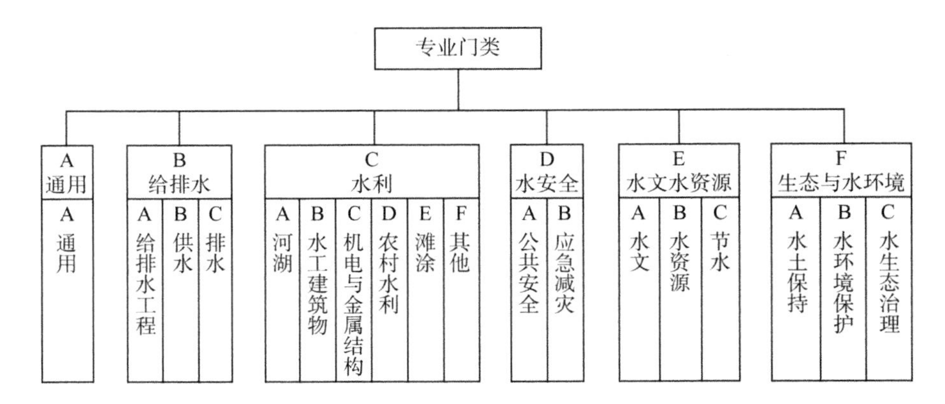

图 2-2　上海市水务标准体系专业门类

功能序列维度包括基础标准、规划与咨询、建设、运行维护、管理与服务、信息化和定额等 7 大类、21 个子项(图 2-3)。

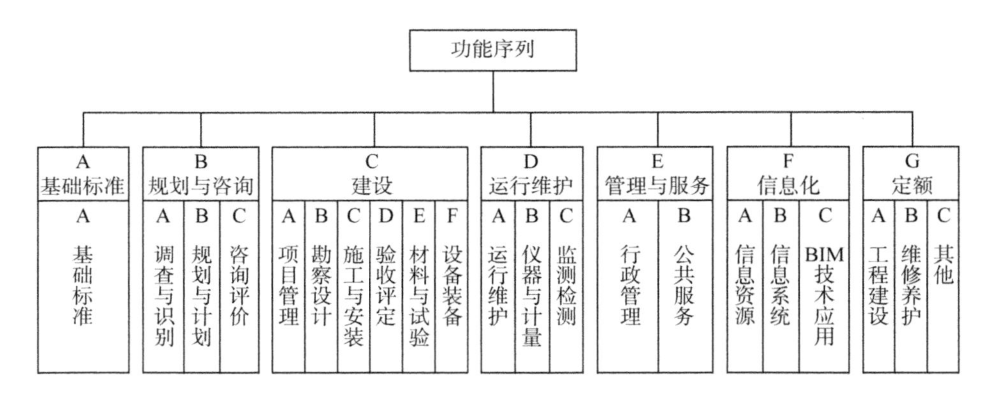

图 2-3　上海市水务标准体系功能序列

层次维度包括国际标准及国外先进标准、国家标准、行业标准、地方标准和标准化指导性技术文件(含城市综合管理标准)和团体标准 6 个层次(图 2-4)。

上海市 2019 年发布的水务标准体系表包括标准和标准化指导性技术文件一共 1 596 项。上海市水务局每 5 年会对水务标准体系进行修编。

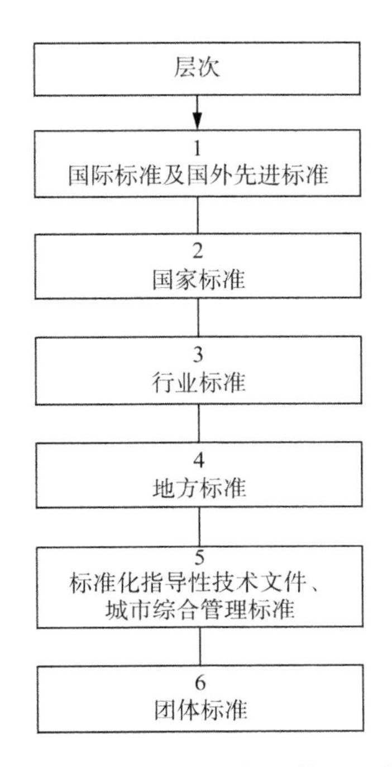

图 2-4　上海市水务标准体系层次

2.1.2　水务标准体系特点

上海市在进行水务标准体系构建和修订过程中始终遵循“系统性原则、先进性原则、地方性原则、适用性原则和科学性原则”等五项原则，并进行广泛地行业调研，针对体系的框架、体系表的结构、标准的制修订计划等广泛征询各涉水专业单位和部门的意见和建议。

在功能序列维度，上海市水务标准体系突出了水务信息化和城市水务工程建设定额、水务管养定额的重要性，在体系框架中将水务信息化和水务定额作为 2 个单独的一级功能序列纳入体系中。

在层次维度，上海市水务标准体系不仅覆盖了国际、国家、行业等不同层次的正式标准，而且将上海市水务局及相关的水务部门发布的指导性技术文件也纳入标准水务体系中，层次覆盖更全面，整体实用性更强。

2.1.3 不同领域水务标准

通过系统梳理上海市水务标准体系表，统计出上海市已发布地方水务标准 119 项，涉及水安全、水保障、水环境、水生态、水管理等不同领域。

1. 水安全

在水安全领域，上海市一共发布 5 项地方标准，主要覆盖治涝标准、暴雨强度公式与设计雨型、防汛墙工程设计、公共供水行业反恐怖防范系统管理、公共供水安全技术防范系统要求等方面。

防洪排涝标准指标。《上海市城市总体规划(2017—2035 年)》提出，全市规划主海塘长度约 600 km，防御标准全部达到 200 年一遇。流域防洪达到防御不同典型降雨 100 年一遇洪水，区域防洪达到 50 年一遇标准，城市防洪标准达到 1 000 年一遇标准，全市区域除涝达到 20 年一遇标准。排水系统暴雨重现期标准主城区以及新城不低于 5 年一遇，其他地区不低于 3 年一遇；地下通道和下沉式广场达到 30 年一遇。内涝防治设计重现期自排区达到 50 年一遇，强排区达到 100 年一遇。

2. 水保障

在水保障领域，上海市一共发布 47 项地方标准，主要覆盖生活饮用水水质标准、饮用水处理用聚合硅酸硫酸铝和煤质颗粒活性炭技术、住宅二次供水设计、供水管网泵站远程监控系统、用水管道水力冲洗技术、公共场所饮用水水处理设备卫生管理、单位生活用水定额、不同工业产品用水定额、城镇公共用水定额、生活饮用水卫生管理等方面。

节水指标。上海市 2019 年万元 GDP 用水量 20 m^3，万元工业增加值用水量 35 m^3，农田灌溉亩均用水量 489 m^3，居民人均日生活用水量 123 L，农田灌溉水有效利用系数 0.738。《上海市城市总体规划(2017—2035 年)》提出，万元 GDP 用水量控制在 22.5 m^3 以下，万元工业增加值用水量控制在 33 m^3 以下。

3. 水环境

在水环境领域，上海市一共发布 22 项地方标准，主要覆盖污水综合排放标准、城镇污水处理厂大气污染物排放标准、恶臭污染物排放标准、农村生活污水处理设施水污染物排放标准、人工湿地污水处理技术、平板膜生物反应器法污水处理技术、污泥厌氧消化技术、污水深度处理反硝化砂滤池技术、污水处理厂污泥高温好氧发酵处理技术、城镇排水泵站和管道设计、住宅小区雨污混接改造技术、高密度聚乙烯(HDPE)双壁工字型室外排水管道工程技术、埋地塑料排水管道工程技术、初期雨水治理截流标准、黑臭水体识别与诊断技术、黑臭水体评估指标技术、黑臭水体污染源调查技术、河湖内源污染治理技术、河湖底泥处理处置技术、河湖环保疏浚技术等方面。

《上海市城市总体规划(2017—2035年)》提出，至2035年，全市地表水水质达到水(环境)功能区要求，逐步提升主城区水环境质量，达到Ⅳ类地表水标准；至2035年，集中式饮用水源地水质达标率为99%，城乡污水处理率达到99%。

4. 水生态

在水生态领域，上海市一共发布3项地方标准，主要覆盖海绵城市建设技术、黑臭水体生态修复技术等方面。

《上海市城市总体规划(2017—2035年)》提出，贯彻低影响开发理念，加强雨洪管理，实现雨水径流控制，年径流总量控制率达75%～80%，年径流污染控制率达75%～80%。到2020年，城市建成区20%以上的面积达到海绵城市建设目标要求；到2035年，城市建成区80%以上的面积达到目标要求。科学开展退田还湖工作，恢复河网水系，保证河湖面积只增不减，市域河湖水面率达到10.5%左右。加强滨海及骨干河道两侧生态廊道建设，修复生态岸线、改善环境品质，主城区生态、生活岸线占比不低于95%。

5. 水管理

在水管理领域，上海市一共发布42项地方标准，主要覆盖水务基础设施建设管理、轨道交通车场上盖建设管理、隧道工程防水技术、装配整体式混凝土结构施工及质量验收、顶管工程设计、建设项目(工程)竣工档案编制技术、大型泵站设备设施运行、水务信息管理、黄浦江高潮位预警图形符号、建设工程远程监控系统应用技术、管线定向钻进技术、预应力钢筒混凝土顶管技术验收、市政给排水信息模型应用标准、城镇供水管网模型建设技术、涉水对象分类名称及代码、雨水口标准图集、排水管道图集、给排水通用图集、排水管道和工程施工及质量验收、排水管道非开挖修复技术施工质量验收、排水管道检测评估技术、水利工程施工质量检验评定、水利工程信息模型应用标准、感潮河段与濒海水文测验及资料整编技术、黑臭水体治理设施运行和管护技术等方面。

另外，针对水务设施管养定额，从2005年开始，按照水利、给水、排水、水文等四大类，上海市出台了12项维修养护定额。其中，水利包括黄浦江和苏州河堤防设施、海塘、河道、水闸、农田水利设施、水利泵站等6项；给水包括供水设施和二次供水设施等2项；排水包括排水管道预算定额和年度经费定额、排水泵站和污水处理厂设施等3项；水文基础设施设备1项。

2.2 北京市

2.2.1 水务标准体系基本情况

北京市水务系统目前尚未构建统一的水务标准体系，也没有形成体系表，主要由北京市水务局、农业局、园林绿化局、卫计委、市政市容管理委员会、规划委员会、住建委、城市管理委员会、城市规划设计研究院等有关单位编制发布相关水务地方标准。

2.2.2 不同领域水务标准

通过系统检索、梳理北京市水务标准，统计出北京市已发布地方标准114项，涉及水安全、水保障、水环境、水生态、水管理等不同领域。

1. 水安全

在水安全领域，北京市共发布4项地方标准，主要覆盖城镇雨水系统规划设计暴雨径流计算标准，城镇供水厂、污水处理厂、水利施工企业安全生产等级评定技术规范等方面。

防洪排涝标准指标。《北京市城市总体规划(2016—2035)》提出，中心城区防洪标准达到200年一遇，北京城市副中心达到100年一遇，新城达到50～100年一遇；中心城区、北京城市副中心防涝标准达到50年一遇，局部特别重要地区达到100年一遇，新城达到20～30年一遇。提升城市雨水管道建设标准，重要及特别重要地区设计降雨重现期为5～10年一遇。

2. 水保障

在水保障领域，北京市共发布41项地方标准，主要覆盖城镇二次供水技术，村镇供水工程技术，生活饮用水样品采集技术，工业取水定额，公共生活取水定额，农业灌溉用水定额，高尔夫球场、滑雪场取水定额，城镇节水评价，节水器具应用技术，节水型苗圃、林地、绿地建设，节水灌溉，再生水农业、绿地灌溉技术，水源保护林改造等方面。

北京市节水指标。2018年，人均居民生活用水量为114 L/d，万元GDP用水量为12.96 m^3，万元工业增加值用水量为7.5 m^3，万元第三产业增加值用水量为2.44 m^3，供水管网漏失率10.9%，再生水利用率27%，非常规水源替代自来水的比例3.7%。《北京市城市总体规划（2016—2035）》提出，到2035年，全市供水安全系数达到1.3，供水能力达到1 200万t/d；到2020年，单位地区生产总值水耗在现状16.6 m^3/万元的基础上下降15%，到2035年下降40%以上。

3. 水环境

在水环境领域，北京市共发布10项地方标准，主要覆盖水污染物综合排放标准，城镇污水处理厂水污染物排放标准，城镇再生水厂恶臭污染治理工程技术，农村生活污水收集与处理技术、排放标准、水量水质实时监控技术，农村生活污水人工湿地处理工程技术，城镇道路雨水口技术，雨水调蓄排放设计等方面。

《北京市城市总体规划（2016—2035）》提出，坚持集中和分散相结合、截污和治污相协调，全面提升再生水品质，扩大再生水应用领域。到2035年全市污水厂处理能力达到900万t/d，全市城乡污水处理率提高到99%以上，其中城镇污水处理率提高到100%。

4. 水生态

在水生态领域，北京市共发布19项地方标准，主要覆盖雨水控制与利用工程设计，海绵城市规划编制与评估、建设设计，透水路面施工与验收，海绵城市道路系统工程施工及质量验收，海绵城市建设效果监测与评估，生态清洁小流域初步设计、建设技术、施工质量评定，中小河道综合治理规划，水土保持林建设，山区水土保持生态修复与监测技术，生产建设项目水土保持遥感信息应用技术，水生生物调查技术，山区河流生态监测技术，水库型水源地生态保护和监测技术，水生态健康评价技术，湿地生态质量评估等方面。

《北京市城市总体规划(2016—2035)》提出，综合采取渗、滞、蓄、净、用、排等措施，加大降雨就地消纳和利用比重，到2020年20%以上的城市建成区实现降雨70%就地消纳利用，到2035年扩大到80%以上的城市建成区。

5. 水管理

在水管理领域，北京市共发布40项地方标准，主要覆盖水利工程施工质量评定，水利工程施工资料管理，引调水隧洞监测技术，城市综合管廊工程设计、施工及质量验收、监控与报警系统工程施工、工程资料管理，地下管线周边土体病害评估防治，生态再生水厂评价、地下再生水厂运行管理，住宅二次供水设施设备运行维护，地下工程建设期间排水设施保护、监测技术，城镇排水管道施工质量检验、结构等级评定、检查、维护技术，自来水单位产量、污水处理、污泥处理能源消耗限额，建筑中水运行管理，节水灌溉工程施工质量验收，雨水井箅和检查井盖结构、安全技术，水质数据库表结构等方面。

另外，针对水务工程设施管养定额，2019年北京市水务局和财政局共同发布了《北京市水利工程维修养护预算定额》，主要包括水工建筑物维修养护(水库、河道、渠道工程的水工建筑物)、水环境保洁(水库、河道、渠道工程的水面及岸坡的保洁)、林草绿地养护(绿地养护、山林养护)、设备维修养护(闸门、启闭机、机电设备)四个方面的水务工程设施维修养护定额。

2.3 香港特别行政区

2.3.1 水务标准体系基本情况

香港特别行政区政府涉水部门主要包括香港水务署和渠务署，涉水的相关标准、规范主要由这两个部门制定发布，目前尚未形成统一的水务标准体系，也没有系统的水务标准体系表。

1. 水务署

水务署(Water Supplies Department,WSD),前称水务监督办事处,是香港特别行政区政府发展局辖下的部门,专责香港供水事宜。食水(饮用水)供应是香港人生活中不可或缺的部分,亦是香港可持续发展的关键一环,为约750万人提供可靠优质的供水服务,是水务署肩负的使命。水务署的主要职责包括淡水供应、海水供应以及供水系统的建设、运行、维护。

水务署发布的相关标准文件主要有水务署标准图则[包括水管铺设、泵站、配水库、净水厂、通道、安全措施、通用等几部分标准图集];水务署机械及电机标准规格;水管附近挖掘指引;如何防止损毁水管;水管敷设手册;水务设施结构设计手册;重用洗盥污水及集蓄的雨水技术规格;政府工程使用节水装置指引;进行水管工程的作业指引;香港建筑物饮用水安全计划指引;香港酒店业用水效益最佳实务指引;香港饮食业用水效益最佳实务指引;香港水喉工程的良好作业指引等。

2. 渠务署

渠务署(Drainage Services Department,DSD)是香港特别行政区政府发展局属下的部门,专责香港的防洪及污水处理,并负责相关的渠务工程和管理污水处理厂。为香港提供世界级的污水和雨水处理排放服务,以促进香港的可持续发展。自1989年9月成立以来,渠务署竭力提升香港污水处理和防洪水平,成效显著。近年来,完成多项挑战性的工程,包括荃湾、荔枝角和港岛西的三条巨型雨水排放隧道,跑马地地下蓄洪计划,治理深圳河第四期工程,再造水试验计划,以及启德河改善工程等,成果令人鼓舞。此外,随着净化海港计划第二期甲工程于2015年全面启用,维港水质亦已得到大大改善。

渠务署发布的相关标准文件主要有渠务署标准图则(各种类型的沙井及沙井盖结构图集);渠务署技术手册(包括污水收集系统手册、雨水排放系统手册、渠务署安全手册等);渠务署技术通告[包括旱季截流管、空调冷却水排放到公共排水系统等];渠务署实务备考(包括渠务署设施屋顶绿化实施指引、评价建筑活动对排水和污水管道及其相关结构的影响、旱季截流指引、河道设计的环境及生态事项考量指引、大型深水重力下水道设计依据、已完工工程移交给运维机构指引、多部件井盖设计指引、适应超临界水流的明渠设计指引、雨水入口设计等)；渠务署指引[排水系统影响评估程序在私营机构工程项目中的应用，如何进行驳渠工程(私人拥有或受管制地段的污水渠或雨水渠接驳到公共排水系统的程序及规定)，抽水站美学设计指引，流质废料处理指引(住宅流质废物、禽畜废物、化学废物、隔油池废物、高流质含量的污泥等的处理规定)]；防洪标准(用以规划和设计香港的公共雨水排放系统)；BIM 建模手册[为雨水、污水排放设施(如污水处理厂、泵站、地下蓄水池等)，排水网(如隧道、排水口、箱涵、河道整治、其他地下设备等)应用 BIM 技术提供指导]；排放入排水及排污系统、内陆及海岸水域的流出物的标准(环境保护署技术备忘录)；用于污水基础设施规划的污水流量估算指南(环境保护署技术文件)等。

2.3.2 不同领域水务标准

1. 水安全

在水安全领域，香港主要有公共雨水排放系统的防洪标准和雨水排放系统手册，以及香港应对水浸(内涝)、风暴潮、越堤浪的一些措施标准和香港的防洪改善措施等内容。

(1) 防洪标准

防洪标准是防洪策略中最重要的元素之一。香港在考虑土地用途、经济增长、社会经济需要、内涝后果，以及内涝纾缓措施的成本效益分析等因素后制定了香港的公共雨水排放系统防洪标准，排水系统中的不同部分有不同的标准，总体达到 50～200 年一遇的防洪标准(表 2-1)。

表 2-1　香港防洪标准

排水系统类别	设计重现期(年)(根据洪水位)
市区排水干渠系统	200
市区排水支渠系统	50
主要乡郊集水区防洪渠	50
乡村排水系统	10
密集使用农地	2～5

注：洪水位的定义是以降雨强度及海平面作为根据。

（2）雨水排放系统手册

香港雨水排放系统手册为雨水排放工程的规划、设计、运行和维护提供指导，这些工程包括雨水管道、箱涵、明渠、河道整治工程、圩区和洪水抽排设施等。主要章节内容包括香港排水系统简介，总体规划和调查，降雨分析，海平面分析，防洪标准，径流估算，水力分析，侵蚀和沉积，埋地重力管道设计，检查井，箱涵设计，明渠、人工渠道和河道整治工程的设计，圩区和洪水抽排方案，雨水排放系统运行和维护，非开挖施工等，覆盖了排水系统从规划设计到运行维护的全生命周期。

（3）水浸（内涝）、风暴潮和越堤浪的应对措施

水浸黑点（内涝易发点）是根据雨水排放系统的排洪能力、以往的内涝记录、接获的内涝投诉及相关地点的防洪标准而编制。如果有关地点被列为内涝易发点，渠务署会为该内涝易发点评级，按受影响地点的内涝范围及程度，把内涝易发点分为 4 个等级：严重（第 4 级）、中程度（第 3 级）、小程度（第 2 级）和轻微（第 1 级）。

风暴潮点大部分都是沿海的低洼地带。当海水水位上升时，可能会出现海水倒灌或被海水淹浸。香港在处理因海水而引起的内涝问题时，通常通过兴建挡水墙、安装可拆卸式挡水板或在排水口安装阀门的方式来阻止海水涌入，从而减低内涝风险。

在热带气旋吹袭期间，海浪冲击岸边时可能会越过海堤，形成“越堤浪”，越堤浪点位于沿海地区。香港通过兴建防波堤、弱波石等海事设施来降低波浪对岸边冲击的强度，从而减少因海水涌入沿岸地区而造成的内涝风险。

香港相关水务部门经过长期实践后，对这些应对措施进行总结、提炼形成了操作手册或指南，指导相关工作的开展。

（4）防洪改善措施

由于以开坑法进行排水工程会造成严重影响，香港除了更广泛地利用无坑挖掘技术敷设排水管外，还采用了一些创新的改善方案，包括建设雨水排放隧道以截取和输送雨水、建造地下蓄洪池暂时贮存雨水。

雨水排放隧道是一个有效方案，把从高地收集的雨水改道，直接排放出海或河流。采用这个方法，可减少雨水流入下游市区的现有排水系统，从而

降低这些地区的内涝风险，又无须进行大规模的传统排水工程，可避免对交通的影响及对公众的滋扰。香港荔枝角雨水排放隧道系统的主要功能是洪涝排放、雨洪资源利用，全长 3.7 km，直径 4.9 m，埋深约 40 m，有效截取约四成的降雨量，提升防洪涝水平至可抵御 50 年一遇的大雨，即 130 mm/h 的降雨量。

蓄洪池运作原理是把部分来自上游的地面径流临时贮存，并容许少量水流流向集水区下游。这样，可把雨水流量控制在下游排水系统的容量内，从而纾缓下游排水系统的压力。香港跑马地地下蓄洪池建筑内容包括蓄洪池、雨水泵房、长约 1.1 km 的接驳渠道，整项设施可抵御 50 年一遇的暴雨，容量达 6 万 m^3。

香港相关水务部门经过长期实践后，对这些防洪改善措施进行总结、提炼，形成了操作手册或指南，指导香港防洪工作的开展。

2. 水保障

在水保障领域，重点关注的是香港供水管网漏失率与应急供水保障能力、香港饮用水处理工艺及水质标准、灰水回用和雨水收集技术规范、冲厕海水水质标准与海水淡化技术、食水（饮用水）安全指引，以及节水领域的相关指引等内容。

（1）管网漏失率及应急保障能力

2019 年，香港特别行政区政府水管漏失率为 15%，计划在 2030 年或之前降低至 10%以下。香港城市“水缸”（水库）的调蓄库容能满足 6 个月以上供水需求，应急水源保障能力达到 180 天。

（2）饮用水处理及水质标准

香港的饮用水处理程序主要包括澄清、过滤、消毒三步。澄清技术包括多层式沉淀、高速澄清、固体接触澄清、气泡浮选澄清等；过滤技术包括快速重力过滤、生物过滤等；消毒除加入氯气外，过滤后的水会在接触池内进行臭氧化消毒，消毒后的饮用水会加入氟化物保护牙齿。

香港饮用水水质标准是基于世界卫生组织 2011 年发表的《饮用水水质准则》（第四版）制定的，共包括 92 个水质参数，其中金属参数 12 个、农药参数 33 个、消毒剂参数 3 个、消毒副产品参数 14 个、无机化学品参数 3 个、有机化学品参数 24 个、微生物参数 1 个、辐射参数 2 个。此外，香港还额外监测了 19 项水质参数，以提供监察饮用水质量长远变化趋势的资料，其中物理参数 5 项、化学参数 11 项、生物参数 3 项。

（3）灰水回用和雨水收集技术规范

本技术规范规定了灰水回用和雨水收集系统的设计、安装、调试、运行和维护的要求，终端用户以及操作和维护人员的安全保护措施，教育和培训要求。主要章节内容包括：设计与施工要求；供给与需求量的评估方法；安装，测试、调试与停运，运行与维护，采样、监测、流量测定与记录要求；管道和配件的标记与标签；特殊考虑，安全保护措施；拥有灰水系统项目居住者的推荐做法；关于正确使用处理过的灰水和雨水的建议教育和培训做法；遵守水污染控制条例和相关的环保条例；设计实例等。

香港的灰水和雨水处理后的用途，包括冲厕、滴灌、喷灌、水景观、洗车、外部清洗、消防、工业利用等，经处理出水水质应符合水质标准（表 2-2），一共包括 11 个参数。

表 2-2　经处理的灰水和雨水水质标准

参数	单位	推荐水质标准
大肠杆菌	菌落数/100 mL	未检出
总残余氯	mg/L	≥1（处理系统出口） ≥0.2（用户端）
溶解氧	mg/L	≥2
总悬浮固体	mg/L	≤5
色度	HU	≤20
浊度	NTU	≤5
pH	—	6～9
气味阈值	—	≤100
BOD_5	mg/L	≤10
氨态氮	mg/L	≤1
合成洗涤剂	mg/L	≤5

（4）海水冲厕及海水淡化技术

香港是世界上广泛使用海水冲厕的少数地区之一，海水冲厕在香港的水资源管理中占重要地位，每年为香港节省约 2.8 亿 m^3 饮用水，相当于香港约两成的总用水量。冲厕海水处理过程包括过滤、曝气处理、加氯消毒三步。目前，世界上尚无冲厕海水国际标准，香港提出的香港海滨泵站取水点和冲厕配水系统的海水水质目标是根据感官准则、海水泵站能力以及有关洗澡水和处理后废水回用标准制定的，包括 9 项指标（表 2-3）。

表 2-3　香港冲厕海水水质标准（化学数据以 mg/L 计）

测定项目	海水泵站取水点水质	冲厕配水系统水质
色度（HU）	<20	<20
浊度（NTU）	<10	<10
嗅阈值	<100	<100
NH_3-N	<1	<1
悬浮固体	<10	<10
溶解氧	>2	>2
BOD_5	<10	<10
合成洗涤剂	<5	<5
大肠杆菌（个/100 mL）	<20 000	<1 000

香港一直关注海水淡化的最新技术，经相关研究后，确定采用逆渗透海水淡化技术，该技术生产的饮用水符合香港饮用水标准，近年来逆渗透技术日趋成熟，海水淡化的成本亦逐渐下降。逆渗透海水淡化技术原理为在盐水一侧施以大于渗透压的压力时，盐水的化学势能会高于清水，从而使盐水中的水分通过半透膜流向清水一侧，此即为逆渗透。

（5）香港建筑物饮用水安全计划指引

建筑物水安全计划的主要目的是预防饮用水在输送及储存过程中，于供水接驳点至用户饮用点之间的内部供水系统内受到化学或微生物污染。本指引概述了建筑物水安全计划的架构，并提供适用于一般建筑物（如住宅和办公室大厦）的水安全计划范本，该范本包含了适用于提升一般建筑物内饮用水安全的普遍事项，以指导安全用水。

（6）用水效益最佳实务指引

针对工商界的用水效益，香港重点关注高用水量的行业，包括餐饮业及酒店业，制定了《香港酒店业用水效益最佳实务指引》《香港饮食业用水效益最佳实务指引》，供业界提升用水效益参考。指引参考了世界各地酒店业、餐饮业在提升用水效益方面的经验，总结出适合香港业界使用的节水措施，提供加强用水效益的建议。节约用水可以从日常运作，包括一般用水习惯、维修保养、客房管理、厨房运作、楼面运作、泳池、水景设施及园景管理各方面着手。

（7）节水指标

2018年，香港万元GDP用水量为4.09 m^3，人均居民生活用水量为204 L/d，万元工业增加值用水量为3.58 m^3，万元第三产业增加值用水量为1.71 m^3。

（8）用水效益标签计划

香港分两阶段将水喉装置及器具的自愿参与“用水效益标签计划”转为强制要求。第一阶段，已强制新建水喉工程就该标签计划下指定类别的水喉装置及器具，须使用达到一定用水效益级别的产品。第二阶段，香港计划通过修订《水务设施条例》及《水务设施规例》，强制在零售市场出售的指定类别水喉装置及器具必须在产品或其包装上附有“用水效益标签”。“用水效益标签”说明了有关水喉装置及用水器具的耗水量及用水效益，方便消费者做出选择。水务署分阶段为6种类型的水喉装置及用水器具，即沐浴花洒、水龙头、洗衣机、小便器用具、节流器和水厕实施相关的标签计划，每种器具的标签根据标称流量从低到高分为4级水效级别。

3. 水环境

在水环境领域，香港主要有排入不同水体的污水排放标准，污水收集系统手册，旱季截流指引，污水流量估算指南，香港污水处理厂建设、处理工艺、出水标准等内容。

（1）污水排放标准(技术备忘录)

香港根据污水的不同去向制定了不同的污水排放标准，包括排入污水渠、雨水渠、内陆及海岸水域的污水水质标准。水质指标有物理、化学及微生物指标，并且这些指标的限制标准会随着污水排放流量的不同而改变。

排入污水渠。排入政府污水处理装置的污水渠的流出物标准，各区之间并无区别。除流出物标准外，某些物质对污水渠有害，或污水处理程序无法清除，环保署不会准许该等物质排放入污水渠，这些物质包括多氯联苯

(PCB)、聚芳烃(PAH)、熏蒸剂或除害剂、放射性物质、氯化烃、可燃或有毒溶剂、石油或焦油、碳化钙、可能在公共污水渠的任何部分形成浮渣或沉积的废物、任何性质及数量相当可能会损害污水渠或干扰任务处理程序的物质。

排入雨水渠。环保署通常不会容许污水排入雨水渠内。如允许排放，则排入雨水渠的污水必须符合为下游的下一个承受水域而定的标准。

排入内陆水域。香港将内陆水域分为 4 个组别：A 组——抽取作可食用水的供应，B 组——灌溉，C 组——池塘养鱼，D 组——一般设施及次级接触康乐活动，分别为这 4 个组别制定了 4 套相应的污水排放标准。另外，环保署不容许排入内陆水域的污水含有以下物质：多氯联苯(PCB)，聚芳烃(PAH)，熏蒸剂、除害剂或毒剂，放射性物质，氯化烃，可燃或有毒溶剂，石油或焦油，碳化钙，废物(可能形成浮渣、沉积或变色者)，污泥或任何种类的固体垃圾，清洁剂。

排入海岸水域。不同水质管制区的海岸水域，其水质及用途各有不同，香港将海岸水域分为 6 组：吐露港、牛尾海，后海湾，维多利亚沿岸，维多利亚海域，南部、大鹏湾、将军澳、西北部、东部及西部缓冲区沿岸，南部、大鹏湾、将军澳、西北部、东部及西部缓冲区海域，每组水域有对应的污水排放标准。另外，环保署不容许向某些地区排放污水，这些地区包括循任何方向排入宪报公布的泳滩界线 100 m 范围内，包括河流、溪涧及雨水渠；海鱼养殖区或具特别科学研究价值的地点向海界线 200 m 范围内和向陆地界线 100 m 范围内；任何避风塘；任何游艇停泊处；海水引入点 100 m 范围内。环保署不容许排入海岸水域的污水含有以下物质：多氯联苯(PCB)，聚芳烃(PAH)，熏蒸剂、除害剂或毒剂，放射性物质，氯化烃，可燃或有毒溶剂，石油或焦油，碳化钙，废物(可能形成浮渣、沉积或变色者)，污泥、可浮动的物质或大于 10 mm 的固体。

(2) 污水收集系统手册

该手册分为上、下 2 册。上册是关于香港公共重力污水收集系统的规划、设计、建设、运行和维护的指引。香港污水处理厂设计时最关注的几个负荷指标是悬浮固体、BOD、COD、总氮、氨态氮和大肠杆菌。上册章节内容包括香港污水收集系统、总体规划与调查、流量与负荷估算、污水管设计、重力管结构设计、检查井和特殊结构(其中包括旱季截流管)、污水收集系统运行维护、污水隧道、非开挖施工等。

下册是关于香港污水泵站和泵送干管的规划、设计、建设、运行和维护的指引,主要章节内容包括泵和组件、抽水系统、污水泵站设计、污水泵站附属设施、土地需求、泵送干管设计、泵站结构设计、泵站调试、气味和噪音控制、流量测定和通风、运行与维护等。

(3) 旱季截流与旱季截流指引

旱季截流是香港雨水排放系统的一个特色,对于雨水排放系统是必不可少的。渠务署技术通告旱季截流(Technical Circular:Dry Weather Flow Interceptors)规定了旱季截流的设计原则和现有旱季截流设施的处理程序。渠务署实务备考旱季截流指引(Practice Note:Guideline on Dry Weather Flow Interceptors)提供旱季截流设施技术指引。因为旱季截流设施一方面会影响雨水系统的水力性能和维护,另一方面会影响污水系统,安装旱季截流设施是渠务署面对的最大的挑战之一。为了避免出现各种问题,香港制定了旱季截流设计标准,主要内容包括基本的设计标准,设计注意事项(控制截流量是最关键的注意事项之一,最关键的原则是不能破坏雨水系统的防洪功能),非潮汐区的截流方案,潮汐区的截流方案,现有截流设施的处理要求。

(4) 用于污水基础设施规划的污水流量估算指南

本指南提供规划污水基础设施的污水流量估算方法和指引,主要内容包括流量组成来源(住宅的、商业的、研究机构的、工业的、渗透的),流量数据,人口和就业数据,流量估算方法,污水流量参数(概览),单元流量因子(住宅污水),单元流量因子(商业和研究机构污水),单元流量因子(工业污水),流域入流量因子,流量峰值因子,起作用的人口数,本指南对主要污水设施的广泛影响等。

(5) 香港污水处理

香港污水处理厂一般采用三级污水处理过程,即① 筛除及除砂。利用幼隔筛、涡流集砂器和隔油池移除污水中的大块物质、砂砾和油脂,以保护下游污水处理程序。② 二级(生物)处理。二级污水处理程序主要清除有机物及部分营养物。③ 三级污水处理。随着大部分营养物已经在二级处理中清除,这一步的污水处理程序主要是采用双滤层滤池提升水质。双滤层滤池主要运用两种过滤物料，分别是活性炭粒子（上层）和硅石粒（下层），将水中极微细的悬浮粒子清除，令水质大大提升。经过三级污水处理后，排放水会被紫外光消毒，然后经排放水输送管道排放。经处理的排放水重要水质参数主要是 SS、BOD 和大肠杆菌（表 2-4）。

表 2-4　经处理的污水排放参数

重要参数	排放标准
设计流量	2 000 m^3/d
总悬浮固体	≤30 mg/L
BOD_5	≤20 mg/L
大肠杆菌	≤1 500 个/100 mL

为减少对环境的影响，渠务署非常重视绿化工作，在污水处理厂大量种植树木，使污水处理厂和污水及防洪抽水设施在视觉上对邻近地方造成的影响得以缓和。

4. 水生态

在水生态领域，香港主要有河道设计中的生态环境措施，以及水务工程中采取的水生态措施等内容。

（1）河道设计的环境及生态事项考量指引

香港渠务署在实施防洪工程时，很注重生态水力学设计。河道整治工程采用了各种生态特色，以提供水生生物栖息地。在施工后进行了生态监测，以评估生态措施的有效性，并达到管理和维护目的。这种方法有助于将主流生物多样性纳入排水和防洪设计中，从而促进生物多样性的保护和生物资源的可持续利用。本指引提出了河道设计中应考虑的基本环境和生态因素，其主要内容包括河道工程的生态影响、现有的河道工程指引、防洪工程措施的选择、生态强化工程措施、补偿设计措施、河床衬砌设计、堤防衬砌设计、河道植被设计等。

（2）香港的水生态措施

为使工程建设与四周景观融合并保育天然生境，香港在水务工程建设中采用了一些生态措施，包括在河堤以混凝土草格建造草坡，并广泛栽种植物，以美化环境及孕育多种微型生境；以填石笼和纤维草被巩固河岸两边斜坡；利用未铺衬层的河床供各类动植物移居；在可行情况下于堤岸建立裸土表层，促进植物繁衍并保留河曲；建造浅水池塘，作水生植物种植场，让淡水鱼类、两栖动物及水禽等栖息；建造人工湿地和芦苇圃，以增加野生物种；建造导流片、溪内动植物保护区和鱼梯，使生境和河溪生态更多元化。

香港相关水务部门经过长期实践后，对这些生态措施进行总结、提炼形成了操作手册或指南，指导香港水生态建设工作的开展。

5. 水管理

在水管理领域，香港主要有排水系统运行维护、BIM 技术在水务中的应用手册、水库管理及大坝安全监测标准等。

（1）排水系统运行维护

排水系统的效能容易受多种因素的影响。因此，香港不断进行各方面的工作，以保持排水系统运作良好，主要涉及以下几个方面：定期预防性维修，地区性排水改善工程，设置洪水警告响号系统、紧急事故下的紧急应变系统。

（2）BIM 建模手册

为了规范 BIM 技术的应用，渠务署编制了 BIM 建模手册。该手册为渠务署负责管理和维护的雨水、污水排放设施和排水网应用 BIM 技术建模提供指导。使用本手册的目的包括制作标准化的、高质量的、可交互的 BIM 模型，促进 BIM 技术在整个工程生命周期中的应用，促进相关工程之间的合作、交流、信息数据的交换，形成一套高效实用的工作流程，使 BIM 模型中的资产数据能够转移到现有的资产和设施管理系统中。主要内容包括项目搭建、命名约定、建模原理、模型层次、质量控制、建设和运行维护阶段建筑信息交换等。

（3）水库管理及大坝安全监测

因水库大坝安全涉及香港市民的饮水和安全问题，所以水库大坝如何保障安全是水库管理中的重中之重。水务署与顾问公司就水库及配水库的安全签订合同并委任国外经验丰富的检查专家组（约十几人）对水库大坝定期进行安全检查。一年内专家组对全港的水库及配水库（包括容量低于 2.5 万 m^3 的小水塘）进行约 1 190 次定期与不定期的检查。实施检查后，检查工程师必须立即写出检查报告供水务署做决策参考，报告的标准格式一般包括大坝详图、监测记录及运行记录、现场检查说明、洪水及泄洪能力、工程评价、地震研究、监测要求、记录的完整性以及检查的结论和建议。有关水库安全的建议具有法律效力，必须简单明了，便于业主执行。

其安全监测的内容和内地的大坝安全监测工作的内容大体是一致的，但在水库管理模式及其高效率的运作方式上与内地的水库管理存在很大的差别。香港水库的管理人员一般都是几个人，他们的工作职责就是负责监控（全部装配 Supervisory Control and Data Acquisition 全自动监控系统）水库、配水库及抽水调度，日常的检查及维修由水务署统一承包给顾问公司。可见，香港的顾问专家的作用在水务署工程管理中也是非常明显的，重大的水库维修、运作方案都会交由顾问专家组提出意见，这是香港水库管理的一大特点。另外，高起点的设计施工也是水库管理的一大特色，从前期的设计工作到施工的管理都是高标准且非常严格的，如安装中央控制设备，实现了供水调度的自动化和泄洪的自动化。在结构复杂的坝体内，建造的时候就埋设了仪器，这些仪器一直到现在还负责提供坝内防渗材料的状态参数，供安全分析使用。

香港相关水务部门经过长期实践后，对这些水库管理及大坝安全监测技术要求进行总结、提炼形成了操作指南，指导香港水库安全监测管理工作的开展。

6. 水景观

在水景观领域，香港主要有泵站美学设计指引。

本设计指引为渠务署负责运行维护的泵站建筑物美学设计提供指导。该指引是渠务署使命的体现：通过提高建筑物的美感向公众提供世界级品质的排水设施。

香港市民非常关注排水设施的品质，负责新建泵站建筑物的设计师需要将可持续理念融入设计中，以实现环境、经济、功能和社会效益之间的平衡。本指引中的“泵站建筑物”包括所有的公众可见的泵站建筑物、污水处理设施在地上的附属建筑、防洪设施，以及其他地上设施，所有渠务署负责运行维护的泵站采用统一的设计标准。本指引的主要内容包括美学设计的目标和原则、美学元素、影响泵站美观的部件、建筑艺术处理、管理措施、公众咨询等。

7. 水文化

香港发展局早在2009年就宣布将41项具有历史价值的水务设施建筑列为法定古迹，这些供水设施成为香港社会发展过程中不可或缺的一环。为了宣传香港水文化，香港专门编制了一本宣传册《百载流传》(*Stream of Memories*)，对香港的供水历史及水务设施建设历史进行了记载，对包括薄扶林水塘、大潭水塘、黄泥涌水塘、九龙水塘、城门水塘、香港仔水塘相关的水务设施进行了介绍和宣传，让公众了解到香港的供水发展史，体会到香港水资源的来之不易，从而增强公众的水资源保护和节水意识。

香港相关水务部门针对香港特有水文化的保护形成了手册，对香港水文化进行宣传和保护，指导水文化的发展。

8. 水经济

在水经济领域，香港虽然没有发布相关标准规范，但已经有相关实践，通过河道的治理带动两岸经济的发展，使土地价值得以提升，以香港沙田城门河为例。

城门河的主要功能是为面积约37 km^2 的沙田市区排洪。身负排洪重任，城门河在很长一段时间内却被百姓避之不及，甚至一度让在两岸置业的居民感到"悔不当初"。20世纪80年代，城门河水污染达到峰值，城门河畔黑黢黢的河面总是散发出浓烈的酸臭味，令人反胃。工业污水、禽畜废物、乡村污水、滤水厂淤泥以及非法接驳污水渠等造成的水污染，严重污染了城门河水质，有机物在河中分解造成水中含氧量减少，河道本身自净能力不足，使得80年代的城门河仿若一条黑臭的死河。

90年代初，香港特别行政区政府痛下决心，开始对全港受污染河道进行治理，执行水污染管制条例。环保署耗资4 500万元对城门河水质进行生化处理，并开展河道疏浚及河岸铺垫工程。由于污染物长期沉积在河床，需要长时间挖掘并翻新河道，才能解决累积多年的污染，其间还要避免河道翻新带来的二次污染。自城门河的河道维修工程开始后，河两岸的公共开放空间渐渐多了漫步和骑自行车运动的市民。经过近10年的生化处理，城门河河道水质已达标。每年端午节期间，城门河上会举办多场龙舟竞渡比赛，城门河也因龙舟活动声名大噪。

城门河对岸50多幢仿佛“复制粘贴”一般的高层建筑犹如一座“城中城”伫立在沙田城门河畔，这就是沙田“第一城”楼盘。80年代，楼盘公开发售，总面积36 m^2 的小户型仅售20万港币。但由于河道治理带来环境的改善，到90年代末，40 m^2 不到的小户型市值已过100万，并且土地价值一直保持增长。香港利嘉阁地产研究部曾对香港回归20周年来全港10大指标市值进行综合研究，楼价累计升幅最大的正是沙田第一城，累计升幅达89.9%。

城门河治理是典型的通过水治理带来人口的聚集，以及两岸经济的发展和土地价值持续提升的案例。

第3章

国际发达城市水务标准体系

本章主要介绍了新加坡、东京、伦敦、纽约等国际发达城市和大湾区城市的水务标准体系构成基本特点，梳理并提出了国际各发达城市水务标准发展的先进领域和相关水务领域定量或定性的发展指标，为后文国内外先进对标及借鉴学习提供依据。

3.1 新加坡

3.1.1 水务标准体系基本情况

新加坡的水资源规划管理主要由环境与水资源部(MEWR)和国家发展部(MND)负责。环境与水资源部下属的新加坡公共事务局(PUB)是负责与水有关事务的最主要的管理机构。新加坡公共事务局成立于1963年，进行水资源统筹规划、统一管理，包括对水资源的开发、利用、保护，供水、排水、污水处理、污染防治以及雨水排水的管理等一切涉水事务，对水进行综合管理，确保有效、充足和可持续的水供应。国家发展部下属的城市重建管理局(URA)，即新加坡的规划管理部门，负责概念性规划、总体规划的编制，并主导重点地区与公共空间的整体规划。

1. 新加坡标准化体系

新加坡于1996年制定了《新加坡生产力和标准局法》，2002年修改为《新加坡标准、生产力与创新局法》。该法属于新加坡共和国的法令第303A章，主要规定了标准、生产力与创新局的相关职能职责。

新加坡对标准的定义是产品或过程的准则、定义、分类、规范或描述，包括程序、安全要求、生产方式、性质、材料、质量、强度、纯度、组成、数量、尺寸、重量、等级、耐久性、来源、寿命或其他特性及这些特性的组合。

新加坡的国家标准分为3类：新加坡标准(Standard Specification, SS)、操作规程(Code of Practice, CP)和技术参考(Technical Reference, TR)，都是关于材料、产品、程序或服务的要求规范，SS具有部分强制性，而CP和TR多为推荐性。其中，TR是临时制定的过渡性文件，通常是在某一产品没有可供参考的标准或制定标准时很难达成统一意见的情况下制定的，文件使用期一般不超过两年，旨在通过试用，积累技术经验，当技术成熟便转化为新加坡国家标准。目前，TR 成功升级为标准的比例约为 25%。

新加坡标准化法律的最大特点是更新速度快，颁布 22 年来，新加坡标准化法律已经过 25 次修正案的修订，很好地把握住了新加坡国家标准化的发展方向和时代脉搏，对日新月异的市场和经济发展起到了促进、指导作用。

2. 新加坡标准管理模式

新加坡标准化管理机构在 2018 年第二季度迎来全新改革，日前负责标准化实施的机构是企业发展局(Enterprise Singapore)。新加坡标准理事会就国家标准化计划的方向、政策、战略和优先事项向新加坡标准管理机构提供咨询意见。新加坡标准理事会由公共部门和民营企业的代表组成，以加强公私合作，鼓励利益相关方参与标准制定。新加坡标准理事会设立了 12 个标准委员会(SC)负责不同行业和领域的标准研制、审查和推广。每个标准委员会下设相应的技术委员会(TC)，技术委员会成立工作组(WG)，负责具体的标准制定、修订和废除工作。

新加坡标准管理机构指定新加坡工程师协会(The Institution of Engineers, Singapore, IES)、新加坡化学工业理事会(Singapore Chemical Industry Council, SCIC)和新加坡制造商联合会(Singapore Manufacturing Federation, SMF)为标准发展组织，负责管理、开发、推广和实施新加坡的标准和国际标准。

新加坡标准(SS、CP)的制定修改程序主要包括 6 部分：

(1) 新标准项目提议。企业发展局秘书处在相关标准技术委员会的协助下对新项目进行评估和批准。

(2) 宣布工作开始。进行标准的制定和重审之前，收集公众意见，为期 1 个月。

(3) 制定标准草案。相关标准技术委员会下组建工作组，制定 SS 或 TR 草案，可能采用适用的国际标准或外国标准。

(4) 公开征求意见(只针对 SS)。SS 标准草案公开征求意见，为期 2 个月，之后由标准技术委员会审批，所有公众意见均由相关标准技术委员会或工作组评审。

(5) 批准、公报发布、出版。草案经相关委员会批准,其中 SS 还需通过政府公报发布,最后正式出版。

(6) 发布后的 SS 和 CP 每 5 年必须进行一次复核,确定是否需要修改、修订或废除。

3.1.2　不同领域水务标准

1. 水安全

在水安全领域,新加坡主要有防洪标准、城市径流管理、地表水排水设施操作、雨水调蓄池系统等相关标准。

(1) 防洪标准

新加坡防洪标准为 50～200 年一遇,防潮标准为 50～200 年一遇,内涝治理标准为 50～100 年一遇,排水管网建设标准为 5～10 年一遇,城区积水最大允许深度要求控制在 33 cm 以下。

(2) 城市径流管理(雨水排放手册)

新加坡采取"源头—径流过程—雨水受体"整体雨洪管理策略。新加坡的洪水风险管理策略包括在开发建设前提供足够的排水设施,严格执行防洪措施,通过加宽或加深排水渠及/或抬高低洼道路来持续改善洪水多发区的排水系统。该手册为开发界和注册的专业人士提供关于整体雨洪管理策略的规划、设计和实施的指引,以满足公共事业局发布的《地表水排水设施操作规程》(*Code of Practice on Surface Water Drainage*)中的要求。该手册重点强调了有效的就地雨水管理和防洪措施设计的必要性。"源头解决方案"是指就地减缓和截取城市径流,如建设蓄滞池;"过程解决方案"是指增强雨水过流系统的能力,如加宽加深排水渠、流域尺度的截流系统;"雨水受体解决方案"是指为了保护雨水最终到达的地方采取的措施,如建筑物防洪堤。

该手册的主要章节内容包括简介(涉及内容:背景介绍、新加坡公共事务局雨水管理策略、全境雨水管理的需要、全境雨水管理的优势、本手册的目标),设计雨水排水系统的资源(涉及内容:概述、《地表水排水设施操作规程》、《ABC 水计划设计导则》、其他资源),就地雨水管理源头解决方案(涉及内容:雨水的源头在哪,源头管理雨水径流的需要,规划、设计和实施源头解决方案的策略，雨水滞留的一般设计考虑因素，开发场地内的雨水滞留选项，源头与公共排水水道的边界），雨水收集设施的防洪方案（涉及内容：雨水收集设施选址、雨水收集设施防洪的必要性、雨水收集设施规划、雨水收集设施结构设计、非人工雨水收集设施方案），安全与运行维护考虑因素（涉及内容：安全考虑因素、运行维护考虑因素），案例研究（涉及内容：新加坡 Waterway Ridge 项目、新加坡东陵购物中心、新加坡威士马广场、德国普里斯玛），FAQ 等。

（3）地表水排水设施操作规程

该规程详细列出了有关于地表水排水的基本规划、设计和实施要求的信息。它规定了提供地表水排水功能设施的最低工程要求，涉及水文、水利、水环境等多方面标准要求。新加坡将河道也列为排水系统设施之一，因此，包括河道、排水渠等排水系统设计标准都在此操作规程中可以查到。

该规程主要内容包括规划要求（涉及内容：排水用地，平台、山脊及填海地区水平高程，地下快运系统、车辆地下通道、公路隧道及其附属建筑物的防洪，排水规划要求，在排水区/排水保护区内或附近的构筑物结构，建设工程要求），设计要求（涉及内容：排水系统设计要点，河道设计开发与周边现有河道的设计协调和河道设计开发与 ABC 水计划理念的契合，排水系统结构及设施，抽排水系统），保证雨水排水系统完整性的设计要求（涉及内容：临时河道占用许可制、法定完工证明文件、维护雨水排放系统的完整性）等。

（4）就地雨水调蓄池系统技术指南

新加坡公共事务局采用整体“源—迁—汇”思路进行雨水管理，采取直接措施从产生径流的源（如通过就地滞留）、到径流传递的途径（如通过加宽加深排水沟和河道），以及洪水最终可能到达的区域（如通过规定最低水平标高来防御洪水）进行管理。在源头、路径和汇集区域采用灵活、适应性的措施以建立新型排水系统，应对不断增加的天气不确定性和控制未来气候变化的影响。

在《地表水排水设施操作规程》中规定了从开发区域可排放至公共下水道的允许最大峰值径流：当工业、商业、机构和住宅开发面积大于 0.2 hm^2 时需要控制排放至公共下水道的允许最大峰值径流。排放到公共下水道的最大允许径流峰值将根据径流系数 0.55 计算，设计暴雨重现期为 10 年一遇，暴雨降雨历时最长为 4 小时（含）。通过实施就地雨水滞留以及 ABC 水计划的设计元素，可以实现减少峰值径流的目的，例如，调蓄池、调蓄塘/沉淀池、湿地、绿色屋顶、种植箱、生物滞留沼泽地、可渗透人行道、生物滞留盆地或雨水花园等。

该指南是在 ABC 水计划提到的生态雨水净化滞留方法之外，从就地调蓄池的设计角度，为开发商、业主及有资质的设计人员提供实施指导。主要内容包括简介（涉及内容：背景介绍、源头控制径流峰值的要求、就地雨水调蓄特征、快速入门技术指南的编制目的），雨水调蓄池系统（涉及内容：雨水调蓄池系统简介、池体结构、排放方法），雨水调蓄池系统的设计[涉及内容：计算允许排放的最大峰值，场地分析，调蓄系统的选择，调蓄池容积计算（重力排放调蓄池的计算方法、抽排调蓄池的计算方法、完全滞留径流法、水文水力模型法），排放系统设计（孔板排放系统、抽排系统）]，设计考虑因素（涉及内容：调蓄池的选址、排放出口的位置、水泵设计、溢流结构、调蓄池梯度、检修口要求、拦污栅要求、蚊虫控制要求、仪表监测与控制考虑），运行维护考虑因素（涉及内容：运行维护计划制订、日常检查、维修），建议的雨水调蓄系统设计提交要求[提交要求流程图、开发控制阶段、构筑物总平图阶段、临时工程许可阶段、法定竣工验收阶段、维护雨水排水系统完整性（包括防洪措施）]，雨水调蓄系统实例（涉及内容：在线重力排放集中雨水调蓄系统、在线抽排集中雨水调蓄系统、分散式雨水调蓄方法）等。

2. 水保障

在水保障领域，新加坡主要有供水管网漏失率、应急保障能力，饮用水水质标准，新生水水质标准，灰水循环系统及利用指南，供水服务，自来水处理工艺，节水指标、节水基准及节水管理的具体做法等内容。

（1）供水管网漏失率及应急保障能力

新加坡自来水普及率 100%，2019 年自来水管网漏失率为 4.6%，自来水实现 100%直饮。新加坡应急供水保障能力达到 240 天。

（2）饮用水水质标准

新加坡饮用水标准是基于世界卫生组织（WHO）的《饮用水水质准则》制

定的，一共有 126 项水质指标，其中微生物参数 1 项、物理参数 6 项、放射性参数 3 项、化学参数 116 项。

（3）新生水处理及水质标准

新生水是超越饮用水标准的纯净回收水。新加坡 100%的用户废水都排入废水管网，然后输送到供水回收厂处理。废水经过二级处理后，再通过微滤膜、反渗透膜及紫外线技术处理，就成为新生水，它是超纯净和可安全饮用的（图 3-1）。新生水通过 3 万次以上的科学检验，证明超越了世界卫生组织的饮用水标准。

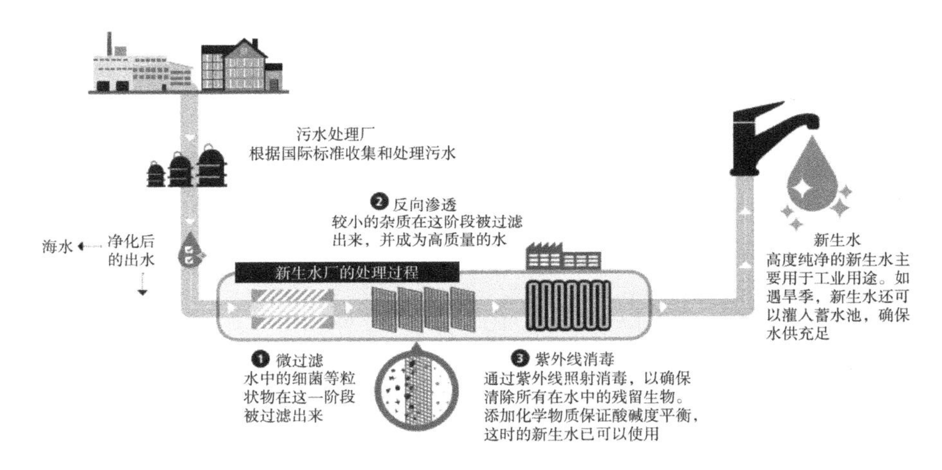

图 3-1　新加坡新生水处理流程图

（4）灰水循环系统技术指南

新加坡灰水循环系统提供非饮用水，用于冲洗马桶、小便池、冷却塔补给水、一般洗涤和灌溉及一些其他允许用途。该指南旨在指导建筑物业主和有资质的设计人员进行灰水循环系统的设计、安装、测试、操作和维护，为此类系统的设计、安装和维护提供了需要遵循的最低和强制标准。

新加坡公共事务局从节约用水的角度支持和鼓励循环利用灰水。但是，必须在不损害公众健康和不造成不可接受的环境影响的情况下实现这一目标，该技术指南的目的是指导安全处理和使用灰水，同时尽量减少相关的国民健康和环境风险。主要内容包括：

灰水。涉及内容有定义、来源和量、特点、环境风险、公众健康考虑、净化的灰水允许的利用方式。

类型、设计和安装。涉及内容有系统类型和处理能力，大小，收集，处理和消毒，储存，备用供水，防治逆流，溢流和分流，控制和计量，配水管和配件，标志、标记和标签，警示标志，安全。

测试与调试。涉及内容有一般规定、分配管道交叉连接的染料测试。

非饮用目的净化的灰水水质。涉及内容有净化的灰水水质要求、采样频率。

维护与风险管理。涉及内容有一般要求、灰水循环系统的质量要求、调试后的监测计划、运行维护、净化的灰水水质自我监测、公众健康风险评估。

参考和指导。涉及内容有典型净化的灰水物理、化学和微生物水质参数，灰水处理系统类型，净化的灰水消毒类型，灰水使用注意事项。

（5）净化的灰水循环利用指南

新加坡净化的灰水用于冲厕、一般洗涤、灌溉和冷却塔补充水。为了降低风险和考虑公众健康因素，净化的灰水不允许用于市场和食品场所的高压喷射清洗、喷灌和一般清洗，而且要满足不同用途的水质要求（表 3-1），每项水质指标要严格执行规定的监测采样频率。

表 3-1 灰水循环利用水质要求

序号	参数	灰水循环用于冲厕、一般洗涤和灌溉	灰水循环用于冷却塔补水
1	气味	不具有攻击性	不具有攻击性
2	色度	<15 HU	<15 HU
3	pH 值	6～9	6～9
4	浊度	<2 NTU	<2 NTU
5	总残留氯	0.5～2 mg/L	0.5～2 mg/L
6	BOD_5	<5 mg/L	<5 mg/L
7	总大肠菌类	<10 CFU/100 mL	<10 CFU/100 mL
8	大肠杆菌	检测不到 / 100 mL	检测不到 / 100 mL
9	军团菌总数	—	检测不到
10	标准平板计数/异养平皿计数	—	≤500 CFU/mL

（6）供水服务操作规程

该规程包含有关所有住宅、商业和工业建筑物或场所的饮用水服务设施的设计、安装、维修和测试的有用指导。

（7）供水应用手册

该手册旨在协助开发商、建筑师和专业工程师、持证水管工、政府部门和法定委员会申请供水，提供有关供水问题的一般信息。主要内容有水质、供水方式和水费，获得供水的一般信息，由专业工程师从事的供水工程程序，由持证的水管工从事的水务工程程序，计量要求，水嘴接头要求，消防用水需求，节水要求。

（8）自来水处理过程

新加坡对自来水实行从源头到水龙头的全过程监管。在新加坡，水库的原水通过管道输送到自来水厂，经过化学处理、过滤和消毒，加上全面的在线监测、采样和控制系统，确保到达水龙头的水完全符合世界卫生组织的清洁饮用水指南标准。新加坡的自来水处理过程（图3-2）包括：

①筛选。水泵通过自清洁滤网，去除大于1 mm的颗粒。

②混凝和絮凝。添加混凝剂和助凝剂，如明矾（或硫酸铝），以凝固或"絮凝"较小的悬浮物和颗粒，如淤泥和沙子，形成较大和较重的团块，以利于沉淀。

③沉淀。颗粒结合成较大的块状物，沉淀在水箱底部并被清除。

④过滤。水通过快速砂过滤器或膜，以去除0.02 μm或更细的残留颗粒。

⑤消毒。过滤后，用氯气或臭氧对水消毒，杀死所有有害细菌和病毒。

⑥生物活性炭（BAC）。颗粒活性炭过滤器去除天然有机物，使水具有生物稳定性。

⑦残留处理（Residual Treatment）。在水中加入石灰（以平衡水的酸碱度）、氯和氨（以维持配水系统中的水质），以及氟化物（以防止蛀牙）。

⑧清水池。经过残留处理后，水储存在清水池中，然后将水抽入配水库，分配给用户。

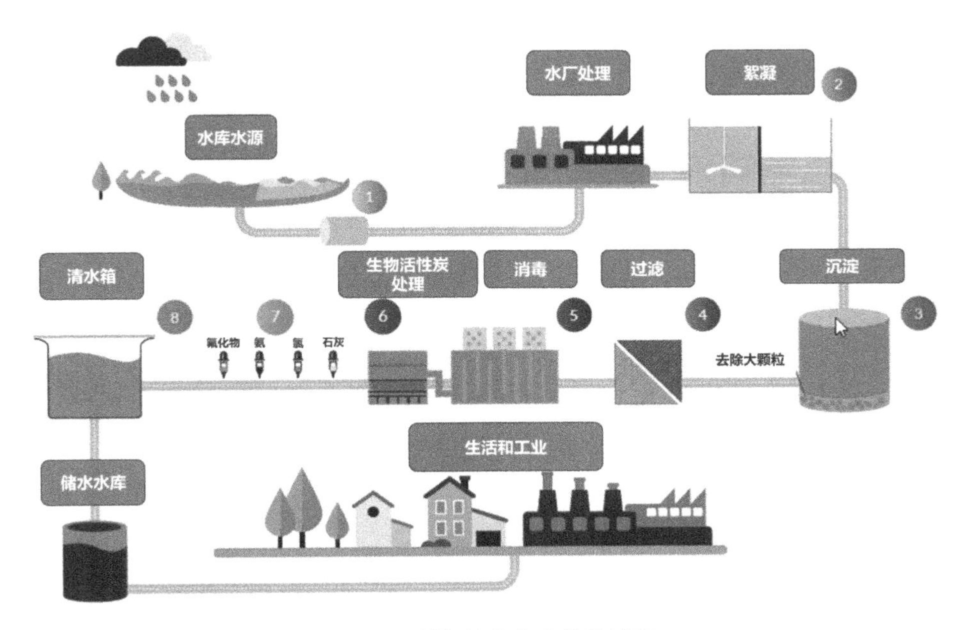

图 3-2　新加坡自来水处理过程

（9）节水指标

2018 年，新加坡万元 GDP 用水量为 2.65 m^3，人均居民生活用水量为 141 L/d，万元工业增加值用水量为 2.44 m^3，万元第三产业增加值用水量为 1.18 m^3，再生水回用率 100%。

（10）新加坡节水基准

新加坡的非住宅用水量预计到 2060 年将增加到其未来用水量的 70%。为了管理非住宅用水效率，在 2015 年新加坡公共事务局引入了强制性用水效率管理规范（MWEMP）。根据 MWEMP，大型用水户必须每年向新加坡公共事务局提交其用水量、业务活动指标和用水效率计划的详细信息。利用这些数据，新加坡公共事务局能够为酒店、办公楼、零售业务、晶片制造和半导体工厂、商业洗衣房、数据中心和生物医药制造领域制定部门用水效率基准（WEI）：

WEI＝用水总量/业务活动指标

根据 2017 年的用水量数据，列出了部门用水效率基准（表 3-2）。

表 3-2　新加坡部门水效率基准

部门	中位数值
办公楼(带有水冷式冷却塔)	1.1 $m^3/(m^2 \cdot a)$
零售业务 以人员计	1.3 $m^3/(m^2 \cdot a)$ 2.9 L/(p·d)
4 星酒店(带有水冷式冷却塔)	0.67 m^3/(每间入住客房·d)
5 星酒店(带有水冷式冷却塔)	1.07 m^3/(每间入住客房·d)
小学	12.8 L/(p·d)
中学	14.4 L/(p·d)
大专院校	21.7 L/(p·d)
数据中心	2.5 m^3/(MW·h)
商业洗衣房	11.8 m^3/t
晶片制造厂	44%(平均重复利用率)
半导体厂(不包括晶片制造厂)	15%(平均重复利用率)
生物医药制造	12%(平均重复利用率)

(11) 新加坡节水管理

强制性节水标签计划。新加坡节水的主要措施之一是实行强制性节水标签计划,冲水马桶必须进行 WELS(用水效率标签)的节能流量测试,达到要求后方可在新加坡销售,否则将是违法的;而对于淋浴喷头和洗衣机,没有强制规定,但鼓励购买符合 WELS 标示的产品。新加坡强制性节水标签计划实施以来,覆盖产品越来越广,目前包括水嘴、坐便器、小便池、洗衣机、淋浴器以及洗碗机等,基本涵盖了所有家庭常用的用水产品。与新加坡同类产品相比,我国产品水效标准明显偏低。WELS 规定了对加贴水效标签的用水器具、装置的要求,导则,术语和条件,分为强制性和自愿性两大类。

强制安装节水设备。从 1983 年起,新加坡所有办公大楼及住宅大厦均强制安装水龙头节水装置或自闭式水龙头。1997 年起,除公共厕所外,所有马桶均须换成超低冲水量(3.5～4.5 L/次)的节水型马桶。此外,所有浴缸最大有效容积不超过 250 L;所有冷却系统用水必须循环使用;所有工业或商用锅炉必须安装用水前处理设备,以减少水排放量;用于花园、高尔夫球场或运动场的浇灌设备不得使用自来水;所有洗车场必须安装回用水设备,不得完全使用自来水。

3. 水环境

在水环境领域，新加坡主要有污水工程操作规程、工业废水排放标准、污水管网覆盖情况、污水处理标准等内容。

(1) 污水及卫生工程操作规程

该规程用于指导有资质的设计人员正确规划、设计卫生和污水处理系统。此规程规定了最低或强制性设计要求，它鼓励在符合列出要求的基础上，在设计中带有灵活性和创造性，同时不影响功能和维护需求。本规程还给出了卫生和污水处理系统的规划、设计和施工方面的一些良好工程实践。

主要内容包括规划发展工程(规划考虑因素、技术考虑因素)，污水管渠保护维护工程(污水管渠保护维护考虑因素、污水排放系统保护维护工程技术要求)，污水排放系统设计(设计要点、污水系统设计及技术要求、水泵安装的技术要求、污水管和水泵主干管的管道材料和试验规范)，卫生系统设计(设计要点、卫生排水系统设计要求、卫生管道系统设计要求、抽排卫生系统、装配式建筑的卫生设施要求、特殊场所的卫生系统设计要求、卫生系统测试、材料与产品标准、卫生系统设计标准图集)，工业废水排入市政污水管网要求(新建工业废水排放设施、工业废水排放实体要求)，附录(污水管道钢筋混凝土槽的施工设计要求、污水系统设计标准图集列表、污水管技术要求、水密性测试要求、其他污水管网保护维护要求、自动水质采样导则、VOC监测系统导则、临时污水收集池设计要求)。

(2) 向公共下水道排放工业污水要求

在新加坡，工业废水是指任何贸易、商业、制造或任何工程及建筑施工流出的液体，包括悬浮在液体中的物质颗粒和其他物质。

新加坡规定了排入公共下水道的工业污水理化指标和金属离子的最高浓度，以及不得出现的物质清单。

(3) 污水处理

新加坡公共事务局一直在探索更环保的废水处理技术，以消耗更少的能量、产生更少的污泥、产生更多沼气发电。污水处理主要工艺如下：

①初步处理。初步处理过程会从废水中清除碎屑和沙质物质。

②二级处理。二级处理曝气池包括生物反应器和最终澄清池。废水在

曝气池中与称为活性污泥的微生物培养物混合，微生物吸收并分解废水中的有机污染物。

③最终流出水（尾水）。最终出水符合排放标准：20 mg/L 生化需氧量（BOD）和 30 mg/L 总悬浮固体（TSS）。

④污泥浓缩。从一级沉淀池收集的原始污泥和二级处理过程中产生的过量活性污泥中所含水的比例很高，通过使用溶解气浮增稠剂或离心机可以减少污泥中的水含量。增稠的污泥被送入厌氧污泥消化池进行进一步处理。

⑤污泥消化。在消化池中，一种在缺氧环境中兴旺繁殖的微生物会分解污泥中的有机物质。污泥允许在消化池中保留 20～30 天。消化过程将有机物转化为包含 60％～70％甲烷的沼气，然后将沼气用作燃料为双燃料发电机提供动力，有助于增加工厂所需的电能。

⑥污泥脱水。由于消化后的污泥仍然相对潮湿，因此难以处置。使用机械手段（如脱水离心机）可大大减少水含量，以利于其处理和最终处置。脱水后的污泥被焚化，灰烬被丢弃在 Semakau 填埋场。

4. 水生态

在水生态领域，新加坡主要有水系整治的景观、生态、社区三位一体的综合设计方式，城市水体系统复合功能构建策略，以及新加坡加冷河生态修复的策略和具体的生态修复技术手段等内容。

(1) 景观、生态、社区三位一体的综合设计方式

在雨水形成地表径流的过程中，采用景观设计的方法，通过植物和土壤介质，尽可能地进行源头净化和利用，让干净的水排入公共排水网络。即增加城市排洪干渠网络的“毛细血管”，并赋予其渗透雨水、净化雨水、亲近市民、生物多样性和审美方面的价值。在保障城市防洪要求的前提下，降低流出城市的洪峰流量，提高水质，减少城市化集水区对自然水文过程的影响。同时可以形成雨水与城市环境友好相处的城市生态河道系统，雨水被视为城市生活中重要的自然资源得以充分发掘利用。

(2) 新加坡城市水体系统复合功能的构建

新加坡城市水体系统的复合功能，具体体现在对雨水的收集要素、处理要素和起输送作用的河道要素三个层面的设计。

雨水收集要素层面。新加坡城市中已被广泛应用的绿色建筑设计要素包括:屋顶绿化、空中花园层、整体绿化阳台、植被悬挂箱、垂直绿化墙壁和底层地表绿化。新加坡典型的道路两侧为滞纳并净化雨水的生物截留洼地,包括地表的水生植物层和地下的过滤土层,雨水净化后才由地下引流管导入城市下水道,而下水道正位于自行车道或人行道下方。以三位一体为原则设计的道路排水净化系统,将简单的雨水设施转变为可以为社区服务的、水景和植物整合的生态净化景观设施,将携带有机污染物的道路旁下水道转变为自我维持的生态净化系统,充分体现了源头治理、源头利用的城市雨水管理理念。

雨水处理要素层面。当雨水落到地面上时,不可避免地携带一些地表沉积物和营养物质。选择适当植物和土壤布置在雨水通过的路径上,在雨水进入城市河道前,过滤雨水中沉淀物并吸收水中的营养物质,改善水质的同时丰富城市生物多样性。在新加坡城市水系统中,共有 5 种环境友好型的水质净化基本单元(植物生境群落、生物截留洼地、雨水花园、沉淀池、湿地公园),它们各自具有不同的工程特点和净化机理,适应新加坡复杂的城市环境。它们的功能不是简单地为了美观,更重要的是维护城市化集水区范围内的水质健康。

起输送作用的河道要素层面。新加坡政府采用的河道综合设计手段主要包括:采用石头、树干等天然材料进行生物固坡,将梯形或“U”形混凝土水渠的硬质驳岸用自然化的缓坡地形代替;对于不易拆除的混凝土河渠,采用阶梯退台型石笼植床来增加绿化,增加河床内壁的粗糙度;在最高洪水水位线以上设置更多的休闲游憩步道、儿童游戏场所和休息设施,便于社区居民欣赏自然水景,也满足居民亲近水体的需求。

(3) 新加坡加冷河生态修复策略及工程技术

生态修复策略。一是水循环系统构建。河道改造时融入雨水管理设计,通过一系列技术措施科学利用雨水资源,促进良性水循环。二是河流景观美化。加冷河河道沿岸主要通过绿化设计提高生态功能,在河流改造过程中保留受影响树木总量的 30%,水中种植出水植物,形成荷花群等群落;河边设计草坪缓坡,提高亲水性。

生态工程技术手段。一是利用河道设计的水力模型监测和了解动态的河流，并探索河道设计的各种可能性，确定水流速度快和土壤较易被侵蚀的关键位置并在该位置配置较茁壮的植物，在比较平缓的区域配置相对柔弱的植物。二是利用土壤生物工程技术巩固河岸、防止土壤侵蚀、创造微生境。综合考虑防止水土流失的要求以及美学、生态学要求，优化施工方法，择优选择合适的技术和植物。2009 年创造性地建造了 1 个试验床，沿公园一侧长 60 m 的排水渠运用 10 种不同的土壤生物工程技术和各种本地植物加固河岸，最终把梢捆、石笼、土工布、芦苇卷、筐和植物 6 种技术运用到主河道中，把土木工程与天然材料、植物相结合，用岩石控制土壤流失并减缓排水速度，用植物进行结构支撑(如用植物根系加固河岸)。

5. 水管理

在水管理领域，新加坡主要有 ABC 水计划及设计指南、设计认证，智慧水务建设等内容。

(1) 新加坡 ABC 水计划

2006 年，基于水敏感城市设计理念，新加坡公用事业局以营造“活跃 Active、美丽 Beautiful、清洁 Clean 的水域”为目标，推出了“ABC”水计划。ABC 水计划包含三个部分：A 代表活跃。在水体边打造新的社区空间，鼓励市民参与环境保护与管理，并积极参加亲水活动。B 代表美丽。提倡将水道、水库等打造成充满活力、风景宜人的空间，将水系与公园、社区和商业区的发展融为一体。C 代表清洁。通过降低流速、清洁水源等全局性的管理手段来提高水质，美化滨水景观；通过公共教育建立人与水的关系，最大限度地降低水污染。

ABC 水计划的主要内容包括：开发水利工程的水娱乐功能，通过清淤疏浚、建设湿地、美化河道两岸环境及配套建立休闲娱乐设施等措施，实现新加坡 17 座水库、32 条主要河道和 8 000 km 排水渠道在发挥防洪及收集雨水等作用的同时，也为居民提供亲水乐园，变成居民旅游休闲的场所；全民共享水源设计，通过雨水花园、生态水源净化系统、生态净化槽及人工湿地等设计，实现将净化雨水的元素融入建筑设计，使建筑在为社会提供活动场所的同时，也具有减缓雨水流速、净化雨水及促进生态多样化等功能。

ABC水计划的主要实践经验包括:①整体性的降雨径流管理。新加坡除了在径流过程中增加处理措施外(如提升排水系统能力、分散运河建设、建造集中式调蓄池和调蓄塘等),还积极地开展源头处理措施(如建造分散式调蓄池和调蓄塘、雨水花园等)和末端措施的建设工作,以便更好地进行降雨径流管理和内涝预防。②突出源头滞蓄与治理。ABC水计划理念主要集中在源头处理,即通过延缓降雨径流的方法,在雨水进入公共水体前对其进行处理等。在整体降雨径流管理系统中,ABC水计划的主要目的是提高排水系统应对超过设计降雨量的强降雨时的灵活性,尤其是降雨滞留系统对强降雨径流洪峰的削减。从2014年1月开始,新加坡要求所有开发者在开发地块内设计原位滞留设施(如滞留池或ABC水计划相关设施),对径流峰值进行管理,在其进入公共排水系统前进行储存或延缓径流。③体现生态与亲水性设计理念的城市水体优化改造。ABC计划将亲水性设计理念贯穿始终,提倡水体生态修复、水体社会效益增值、滨水休憩空间建设,具体措施有流域用地控制、河道绿化、土壤生物工程建设、亲水活动空间滨水生活休憩区建设等。

(2) 新加坡ABC水设计指南

ABC水设计将管网、河道和水库与周围环境全方面融合,目的是为了创造美丽干净的溪流、河湖以及像明信片一样漂亮的社区空间,以供所有人去享用。

ABC城市设计导则作为城市长期发展策略的环境指导,旨在转换新加坡的水体结构,使其超越防洪保护、排水和供水的功能,通过整合新加坡的水体资源(蓝色)、城市公园(绿色)和休闲设施(橙色),构建"蓝、绿、橙"综合体系,打造充满活力、能够增强社会凝聚力的可持续城市发展空间。蓝色系统构建的主要目的在于为水生动植物提供栖息地,提高水质,降低暴雨的影响,以避免洪灾、水污染对人们的生产生活造成威胁。绿色系统构建的目的在于为本土动植物提供栖息地,主要通过在流域内创造一片栖息地,或沿河流构建绿地系统来实现。橙色系统主要服务于社区,为人们提供更多与水接触的机会和娱乐空间,通过教育提高人们的环保意识和节水意识。

该指南对雨水质量做了明确规定:在新加坡,根据初步评估和试点项目的监测,制定了如表3-3所示的可达到的雨水水质目标。实现这些目标,是雨水质量管理标准制度化的体现。

表 3-3　新加坡雨水质量目标

污染物	雨水质量目标
SS	80%去除率或小于 10 ppm①
总氮	45%去除率或小于 1.2 ppm
总磷	45%去除率或小于 0.08 ppm

该指南的主要内容包括简介,“ABC 水计划:可持续的雨洪管理”,ABC 水计划管理策略指南,“ABC 水计划:规划、设计和表现”,安全、公众卫生和维护,共同参与创建可持续环境,ABC 水计划认证,ABC 水设计专业人员,附录,相关实施案例。

(3) ABC 水设计认证

ABC 水设计认证根据四个方面进行评估:活跃(30 分)、美观(30 分)、洁净(30 分)和创新(20 分),每个方面都制定了详细的评分标准。待认证的项目至少需获得 45 分,其中前 3 类每类得分至少为 5 分。

活跃旨在考察项目通过向人们提供新型的社区公共空间,开展娱乐活动并拉近城市居民与水资源之间的距离,努力在各个地区营造充满活力的生活氛围。美观重点是将水资源和景观相结合,营造优美的水域景观,提高生物多样性。在设计时应注意因地制宜,在植物种类的选择上积极鼓励使用本地植物。洁净是指要在整个开发地区实现整体的可持续雨洪管理。其手段就是通过水文工程技术和生态景观设计相结合,收集在现场滞留的雨水并改善水质。创新要求项目 ABC 水设计要素或其他环境友好型特征具有创新性和独创性,且有助于减轻城市化进程对雨水径流的质量和数量产生的影响。

(4) 新加坡智慧水务

新加坡一直很关注数字技术,如何在未来将其运营转变为智能水务也是新加坡公共事务局的关注焦点。为了应对各种挑战,新加坡打算在新加坡公共事务局的运营中利用数字解决方案和智能技术,包括自动化、人工智能、大数据和机器学习,以增强新加坡公共事务局的运营弹性、生产力、安全性。新加坡公共

① 1 ppm $=1\times10^{-6}$。

事务局推出了智慧水务路线图，数字化新加坡整个供水系统，以提高运营水平并满足未来的用水需求，包括智慧排水管网、智慧水厂（包括污水处理厂、新生水厂、海水淡化厂和自来水厂）、智慧供水管网、智慧污水管网和数字化运行支撑。这是新加坡公共事务局持续投资数字解决方案的一部分，以实现更智能的水质管理、管网改进、整合客户参与和更智能的工作流程，包括借助人工智能和自动化技术实现更智能的水质管理，借助智能预测技术对重要管网进行改进，让用户随时能掌握用水量数据来增加其对水资源管理的参与度，借助自动化和机器人技术进行更智能的工作流程设计等。

6. 水文化

新加坡河滨水区更新文化策略包括以下几方面。

（1）更新品牌塑造。新加坡河沿岸更新设计宗旨为“反映新加坡文化传统及地域特色的公共活动走廊”，口号之一为“庆典之河：拥抱并庆祝城市丰富的文化多样性与文化遗产”，与城市发展理念契合，旨在通过更新转变空间功能，既传承文化传统，又变革发展方式，成为全球化和本土化兼容的空间载体，推动城市发展。

（2）品牌标识设计。新加坡河区的品牌标识（LOGO）为抽象的波浪形图案形成的一个圆圈（图 3-3）。在新加坡河更新过程中，此标识可引起公众共鸣，为打造一个标志性“24 小时河区”起重要作用。目前，新加坡河已经成为新加坡最著名的传统景点。

图 3-3　新加坡河区品牌标识设计

（3）庆典活动打造。与新加坡河有关的庆典活动主要有两个，即新加坡河节和春到河畔迎新年。庆典活动有助于延长公众在新加坡河停留和观光的时间，对新加坡河流文化及国家文化的宣传非常重要。

（4）文化功能植入。建筑更新要在保护的基础上挖掘内涵，结合城市发展进行开发，体现城市特色。新加坡河两岸的规划以历史保存、鼓励老建筑再利用为前提，在滨水建筑更新改造过程中，为保持沿河建筑风貌，对有价值的建筑进行保留并赋予新功能，破旧且无保留价值的建筑拆除重建。建筑更新主要有两类：第一类是维持纪念性建筑原有建筑风格以延续历史，同时加入其他元素，对内部功能进行更改；第二类是对新加坡河沿岸极具历史意义的小商店和货仓进行保留、修缮和开发。

（5）景观系统连续。①步行系统。两岸沿河区域均为步行区域，离河最近且公共活动最多，同时有交通功能和休憩娱乐功能。河畔林荫道全线贯通，以硬质铺地为主，有亲水步道和小型广场，绿化多为树列、花圃等。步行系统的各种城市家具（灯具、座椅、雕塑、小品、护栏、雨棚等）设计具有文化特色。②水上游线。水上游线与步行系统有效结合。水上游线途经旧国会大厦、滨海艺术中心、鱼尾狮公园、莱佛士坊等具有历史意义的文化建筑。两岸设船只停泊站，通过整合资源，发展游船经济和水上娱乐项目。

（6）项目定位国际化。滨水区更新要根据城市发展进行动态调整，不能一蹴而就。结合新加坡打造"特色全球城市"的目标，以滨水区更新改造为契机，整合国际资源，保证极高品质，设计重大项目，引入国际知名品牌，定位国际化的消费群体，促进新加坡的国际知名度，提高国际影响力。在国际化项目引入时，主要考虑促进观光和消费体验，通过旅游业与商业的结合有力推进城市发展。

3.2 东京

3.2.1 水务标准体系基本情况

东京政府涉水部门主要包括东京都水道局（Bureau of Waterworks）、东京都下水道局（Bureau of Sewerage）、东京都环境局（Bureau of Environment）、东京都港湾局（Bureau of Port and Harbor）等，涉水的相关标准、规范

主要由这四个部门制定发布，目前尚未形成统一的水务标准体系。

3.2.2　不同领域水务标准

1. 水安全

在水安全领域，东京主要有防洪标准、水库大坝防洪标准、洪涝防治策略、地下深层排水系统具体做法等内容。

（1）防洪标准

东京防洪标准为100～200年一遇，防潮标准为100～200年一遇，内涝治理标准为40～150年一遇，排水管网建设标准为5～10年一遇，城区积水最大允许深度要求控制在20 cm以下。

（2）水库大坝防洪设计标准

日本水库的防洪设计标准，主要采用频率洪水。水库防洪安全设计，分两级控制，即设计标准和校核标准。水库大坝按坝型分类，分别确定相应的设计洪水标准和校核洪水标准。在防洪标准量值上，频率洪水的重现期只计算100年一遇和200年一遇，部分条件下的防洪标准，也只是在频率洪水的基础上增加20%予以确定。日本水库大坝的设计洪水标准，见表3-4。

表3-4　日本水库大坝防洪安全设计标准　重现期：年

类别	混凝土重力坝	拱坝	堆石坝	土石坝
设计洪水	100	200	100	混凝土重力坝标准基础上加20%
校核洪水	设计洪水标准基础上加20%			

由于土石坝不能承受洪水漫顶的风险，对于土石坝的超高，日本特别重视。日本大坝委员会1971年提出的《坝工设计规范》和农林省提出的《土石坝设计规范》都对坝顶超高做出了相关规定，坝顶超高的主要考虑因素包括四个方面：

a. 在非常洪水条件下，可能引起的库水位上升值。

b. 在风、地震等外力因素作用下，可能形成的波浪高度。

c. 当溢洪道闸门出现故障，不能正常启闭时，可能形成的水位升高。

d. 根据大坝类型和重要性，做出的增加安全值的一般规定。日本水库大坝的坝顶超高规定，见表3-5。

表 3-5　日本水库大坝的坝顶超高规定

《坝工设计规范》规定		《土石坝设计规范》规定	
坝高(m)	超高(m)	坝高(m)	超高(m)
＜50	＞2	＜60	2～3
50～100	＞3		
＞100	＞3.5	＞60	＞3

(3) 洪涝防治策略

东京的排水系统。日本于1992年颁布“第二代城市下水总体规划”，正式将雨水渗沟、透水地面作为城市总体规划的组成部分，要求新建和改建的大型公共建筑群必须设置雨水就地下渗设施。日本政府规定：在城市中广泛利用公共场所，甚至住宅院落、地下室、地下隧洞等一切可利用的空间调蓄雨洪，防止城市内涝灾害。值得深圳学习的具体措施包括：

①降低操场、绿地、公园、花坛、楼间空地的地面高程，一般使其较地面低0.5～1.0 m，在遭遇较大降雨时可蓄滞雨洪。

②在停车场、广场铺设透水或碎石路面，并建设渗水井，加速雨水渗流；在运动场下修建大型地下水库，并利用高层建筑的地下室作为水库调蓄雨洪。

③在东京、大阪等特大城市建设地下河，直径十余米，长度数十千米，将低洼地区雨水导入地下河，排入海中。

④为防止上游雨洪涌入市区，在城市上游侧修建分洪水路，将水直接导至下游，在城市河道狭窄处修筑旁通水道；在低洼处建设大型泵站排水，排水量可达200～300 m^3/s。

⑤在城市中新开发土地，每公顷土地应设500 m^3 的雨洪调蓄池。

⑥大型的建筑还会建有独特的雨水再利用系统。比如，著名的东京巨蛋体育馆就建有自己独用的大型雨水存积池，储集的雨水可用于冲洗厕所、消防、洗车和浇灌，一年由此可节约2 000万日元水费。

东京降雨信息系统——“东京 Amesh”。该信息系统用来预测和统计各种降雨数据，并进行各地的排水调度。利用统计结果就可以在一些容易浸水的地区建立特殊的处理措施。

健全的防洪排涝制度。东京制定相关的政策来推动全民对于蓄水设施的修建和安装。对在区内设置利用雨水的储存装置的单位和居民实行补助。政府立法规定，道路等市政设施的建筑材料要有一定的透水性，在停车场、人行道等处铺设透水性路面或碎石路面，并建有渗水井，遇到降雨可以迅速将雨水渗透到地下。

超级堤防。将堤防后的土地填高至接近堤防标高，在城市周边建设超级堤防。超级堤防的宽度是高度的30余倍，宽度一般为300～500 m，最大可达1 km。

东京相关水务部门经过长期实践后，将这些洪涝防治策略进行总结、提炼，形成相关技术文件，指导洪涝防治工作的开展。

(4) 地下深层排水系统(首都圈外围排水工程)

为防止城市内涝，东京充分利用城市水系的防洪功能，让大量降雨流归河道，典型例子就是“首都圈外围排水工程”。该工程主体由全长6.3 km、埋深50 m、直径约10 m的输水隧道，5处单个容积约为4.2万 m^3 的储水立坑及巨大的调压水槽以及一处人造地下水库组成(图3-4)。隧道连接着东京市内长达15 857 km的城市下水道，通过5个高65 m、直径32 m的竖井，连通附近的江户川、仓松川、中川、古利川等河流，作为分洪入口，暴雨时能够有效收集、储纳雨水。

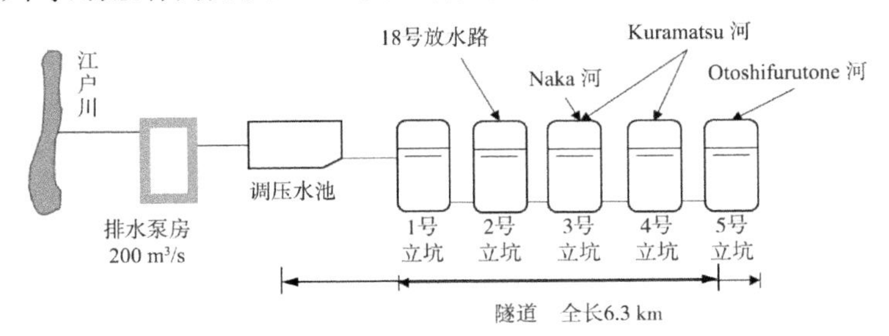

图3-4 首都圈外围排水工程示意图

为防止当地中小河流在强降雨时漫水造成内涝，并充分利用中小河流的溢洪功能，在当地中小河流的适当位置修建储水立坑。立坑之间由地下管道相连，管道最终通向位于东京都附近河流江户川旁边的地下水库。水库容积约有数十万立方米，可以起到存蓄洪水的作用。水库还装有4台由航空发动机改装的高速排水装置，单台功率达14 000马力①，全部开动时，可以200 m^3/s 的速度

① 1马力≈0.735千瓦。

向江户川内排出洪水。在出现强降雨天气时，城市内部的下水道系统将雨水排入附近中小河流，中小河流水位上涨后溢出的洪水则进入立坑和管道，最终流入江户川。整个工程对于东京都东部及外围地区的防洪发挥了重要作用。

2. 水保障

在水保障领域，主要有日本饮用水标准、东京高品质口感自来水标准，自来水深度处理工艺，扩大直供水范围的做法，高标准供水体系保障做法，以及节水指标、供水管网漏失预防管理措施等内容。

（1）供水水质

日本最新的水质基准于 2015 年 4 月 1 日正式实施。该标准包括如下三类指标：①根据日本自来水法第 4 条规定必须要达到的标准，即法定标准，共 51 项。②可能在自来水中检出，水质管理上需要留意的项目，即水质目标管理项目，共 26 项，其中农药类项目含 120 种。③需要检讨的项目有 47 项，因为这些指标的毒性评价还未确定，或者在自来水中的存在水平还不太清楚，所以还未被确定为水质基准项目或者水质目标管理项目。

近年来，市民对水质的要求趋于多样化，不只是安全，更是从好喝的角度对供水水质提出更高的要求。针对氯味物质（致臭物质等会直接影响自来水感官的 8 项指标），东京都水道局自行制定了“高品质口感自来水水质目标”（表 3-6），这一标准的各项指标都比日本的国家水质标准更为严格。

表 3-6　高品质口感自来水水质标准

感官	项目		日本国标	东京设定标准	
				目标值	目标值设定基准
臭	氯味物质	余氯（mg/L）	0.1～1.0	0.1～0.4	大部分人察觉不到用于消毒的氯气味道
		三氯胺（mg/L）		0	大部分人察觉不到氯味
	臭阈值 TON		＜3	1（无臭）	人察觉不到刺激性臭或味
	致臭物质	2-MIB（ng/L）	＜10	0	人察觉不到霉味
		土臭素（ng/L）	＜10	0	
味	TOC（mg/L）		＜3	＜1	人察觉不到不愉快的味道
外观	色度（HU）		＜5	＜1	人注意不到水的色度和浊度
	浊度（NTU）		＜2	＜0.1	

（2）自来水深度处理工艺

为提升自来水口感，东京都水道局引入了深度处理系统，主要工艺有：

①臭氧-生物活性炭深度处理工艺

臭氧-生物活性炭深度处理系统用于去除或削减常规处理方法不能有效去除的臭味物质、氨氮以及甲醛等各种有机物。臭氧-生物活性炭吸附工艺一般被置于絮凝-沉淀处理与快速砂滤两个工序之间。东京都水道局开发的生物活性炭吸附池由一层 2.5 m 厚的颗粒活性炭床层及下部集水池构成，经臭氧处理的水以重力流的形式流过生物活性炭吸附池，实现水处理。

②膜过滤处理工艺

膜过滤处理即用孔径超小的膜过滤原水，以分离、去除其中的悬浮物与微生物（隐孢子虫等）等各种杂质。

（3）扩大直供水服务范围

为了促进“普及和发展直供水服务”目标的实现，减少二次供水中产生的污染，2004 年 6 月以后，直接供水系统的适用范围和施工基准部分放宽，以扩大直供水服务范围。

（4）高标准供水体系保障

东京的城市供水漏失率处于世界前列，从 2007 年开始就控制在 5%以下，2018 年供水管网漏失率为 3.2%，这得益于其强大的城市供水设施保障体系、24 小时漏水听音棒巡查及水压及时调整。为保障供水水质，东京在水源保护区内 60 处、公共供水末梢水龙头 131 处安装自动水质监测仪进行常规检测，并定期进行理化、细菌、生物指标精密检测以及水质化验车动态巡查跟踪，指标包括味、嗅、色及理化生指标，并采取水质状况网络实时公布的方式，实行水质透明化、公开化。东京供水安全系数达到 1.56（供水安全系数是指最大供水能力除以平均需水量，一般供水安全系数在 1.3～1.4，属于很可靠，低了的话有供水安全隐患）。

（5）东京供水管网漏失预防管理

东京供水管网漏失预防管理体系包括及时应对措施、预防措施以及漏失控制技术的研发等三个主要方面。

①及时的应对措施

及时的应对措施是及时检测出地表和地下管网的漏失点并进行修复，通常包括例行的检测工作和临时的检测工作。

②预防措施

尽早检查出可能发生漏失问题所在并采取应对的预防措施是管网漏失预防管理的重要内容，因为有效的漏失预防可以从源头避免漏失的发生。在东京的管网漏失预防措施中，管网设施的管理是核心，主要采取的预防措施包括用球墨铸铁管道替换老化的配水管道、整合私人道路下的入户管以及支管的更换、改善入户管道的材质、进一步增强大口径供水管道的抗震能力等。

③技术开发

为了提高漏失预防的效率，进一步降低水漏失率，相关的技术开发和研究非常重要。为此，东京供水管理局专门研发更有效的检漏设备和漏失预防技术，如冻结法、电子检漏仪、便携式最小流量测定表、漏失相关位置定位仪、地下雷达探测仪、持续漏失检测仪、非金属管道定位仪、管道内窥仪、管道插入式流量计、透水式漏失检测仪等。

3. 水环境

在水环境领域，主要有东京污泥无害化处置率、水环境质量标准、合流制溢流污染控制要求、泳滩水质标准，以及污水排放标准等内容。

(1) 污泥无害化处置

东京污泥无害化处置率达到了100%。

(2) 水环境质量标准

为了保护人的健康，设置了26种与人健康相关的物质在水环境中的标准，另外有27种物质虽然没有列入水环境标准中，但被认为是需要长期进行监测的。

(3) 合流制溢流污染控制

合流制排水系统服务了日本接近25%的人口，合流制溢流污染对于公众健康和干净的水环境都是一种威胁。地方政府和国土交通省都认为合流制排水系统必须满足3个条件(强制性要求)：

a. 合流制排水系统的总污染物负荷应等于或小于假设应用于同一区域的分流制排水系统的污染物负荷。

b. 在所有溢流和排放口，合流制溢流污染事件的数量应减半。

c. 所有溢流构筑物均应采取措施控制固体总量。

（4）泳滩水质标准

针对泳滩水质，东京制定了不同水质类别的水质标准，主要指标有大肠杆菌数量、油膜、COD和透明度4项。

表3-11　泳滩水质分类标准

水质分类		大肠杆菌数量	油膜	COD	透明度
好	AA	ND	ND	≤2 mg/L(≤3 mg/L对于湖泊)	清澈(>1 m)
	A	≤100/100 mL	ND	≤2 mg/L(≤3 mg/L对于湖泊)	清澈(>1 m)
合格	B	≤400/100 mL	偶尔检测到	≤5 mg/L	0.5～1 m
	C	≤1 000/100 mL	偶尔检测到	≤8 mg/L	0.5～1 m
不合格		>1 000/100 mL	一直能检测到	>8 mg/L	<0.5 m

有一项水质指标是不合格的，水质分类就是不合格。所有指标都达到了AA标准；水质分类才是AA类；所有指标都达到了A标准或者更好，水质分类才是A类；所有指标都达到了B标准或者更好，水质分类才是B类；其他的属于C类。

（5）污水排放标准

日本水污染控制法规定了工厂和一些商业设施向公共水域排放废水的标准，包括出于保护人的健康和生活环境目的的两类排放标准，分别包含28项和15项指标。

4. 水生态

在水生态领域，主要是日本大力推进的多自然型河流建设。

在生物圈中，人类必须清醒地认识到不能剥夺其他生物的生存空间和生活权利，人类与自然唇齿相依，而不能无限制的索取，这是日本进行多自然河流规划和建设时所遵循的基本原则。

日本河道整治中心为普及多自然型河流的建设，于1990年出版了介绍多自然型河流建设的《让城镇和河道的自然环境更加丰富多彩——多自然型建设方法的理念和现实》。1992年又出版了其续篇《让城镇和河道的自然环境更加丰富多彩——对多自然型河流建设的思路》，介绍了建设多自然型河流的基本技术。作为前两本的续篇，《多自然型河流建设的施工方法及要点》借鉴日本文化历史，对目前开展的多自然型河流建设的现实意义进行了再认识，并列举大量工程实例，对目前开展的多自然型河流建设的思路、规划、设计及注意事项等问题做了详尽的介绍。建设多自然型河流的目的就是要建造在地域居民长年呵护下形成的富于个性特点及丰富自然环境的河流。多自然型河流建设并不是简单地保护河流自然环境，而是在采取必要的防洪抗旱措施的同时，将人类对河流环境的干扰降低到最小，与自然共存。

另外，国土交通省发布《中小河流修复技术标准》，主要内容包括适用范围、设计洪水位、河道岸边线和河宽、横断面形状、纵断面形状、粗糙系数、管理用道路、维护管理部分。日本多自然河流建设研究会发布了《建设多自然河流要点——河流改造任务和注意事项》，通过本要点集，可以掌握多自然河流建设现场中的计划、设计方向；《中小河流修复技术标准说明》作为要点集的续集，阐述中小河流横、纵断面形状设计方法，含有设计案例集。

5. 水管理

在水管理领域，主要有日本下水道设施建设管理要求、排水系统提升改造做法、降雨径流管理要求、充分利用污水处理设施的做法等内容。

(1) 下水道设施建设管理

日本地方政府普遍把下水道设施的建设和管理作为重要事务，并投入大量资源。目前，东京都的下水道总长度已达 1.58 万 km，市内各处建有 20 处污水处理设施，日污水处理能力达 556 万 m^3。在东京等大城市，市政部门在解决下水道全面覆盖问题后，已进入新的建设阶段。一方面提高下水道工程质量，力争全面消除“内涝”现象；另一方面以更高标准建设、利用下水道管网及设施，实现“可靠”、“环保”和“多功能”。具体做法有：加强抗震能力，确保下水道设施在地震时仍可使用；利用下水道管网铺设光缆，提供通信服务，收取费用填补财源；建设环保型污水污泥处理设施，进一步提高排水口周边的自然水体水质，并利用循环水补充城市水系水源；利用污水处理设施修建城市休闲空间，例如，在部分占地较广的地下污水设施所在地，下水道局利用地表空间修建了公园、游乐场以及球场等。

1969 年颁布的《东京都下水道条例》明确规定了接入公共下水道的排水管道直径和坡度。排污人口超过 500 人的，排污管道直径要在 180 mm 以上；

排雨用管道，排水面积超过 1 500 m^2 的，直径要在 230 mm 以上且坡度要大于 1%。为了应对暴雨危害，东京都制定了《东京都暴雨对策基本方针》。下水道设施标准是按照市区能够应付 1 小时 50 mm 的降雨量。另外，在容易发生淹水、遭受重大损害的有大规模地下街的 9 个地区，城市排水设施按照 1 小时 75 mm 降雨量的标准设计建设。日本下水道直径，小者 25 cm，大者达 8.5 m。

（2）排水系统提升改造

日本通过普及排水系统、改自排为强排、推广雨水利用、设置调蓄池或深层调蓄隧道等措施，开展排水系统提升改造工作，具体如图 3-5 所示。

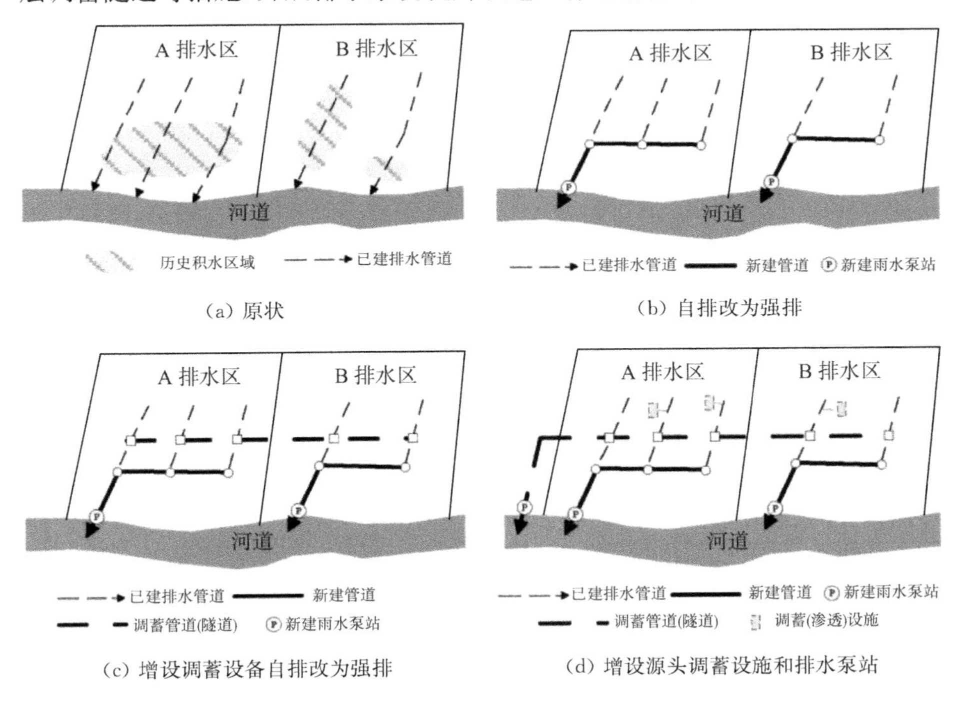

图 3-5　排水系统提升改造步骤示意图

（3）降雨径流管理

20 世纪 90 年代初，日本修改了《建筑法》，要求大型建筑物和大型建筑群必须建设地下雨水储存和再利用系统。东京的降雨径流管理政策是以短历时、强降雨为核心治理对象，以提升城市的排水除涝能力为具体实施途径的。具体措施包括两类：

a. 提升河道和排水设施的调蓄能力，使其可以应对每小时 75 mm 降雨产生的暴雨径流。

b. 分析内涝发生的高危区域，建设相应的地下蓄水设施。

东京在 2007 年制定了应对暴雨的基本政策，提出针对暴雨径流的规划目标：30 年内的目标是完全消除每小时 50 mm 降雨造成的城市积水，近期的目标是消除每小时 50 mm 降雨造成的大范围城市积水危害事件，并积极推进每小时降雨达到 75 mm 情况时新的应对政策方案的制定。

（4）下水道安装

在东京，下水管道的安装最关键的是要尽量减少对社会造成干扰。污水处理设施的安装不允许开挖繁忙的街道，所以非开挖施工技术被广泛地应用，常用的施工技术有顶进法和盾构法。用顶进法安装的污水管最长可以达到 1.5 km，直径最大可以达到 4 m。有些时候，直径为 150 mm 的最小的侧向污水管也用顶进法施工。盾构法并不只适用于污水管道的安装，但在日本大多数盾构法工程都是安装下水道，其次是河道和供水领域。地下可能有废弃的建筑物，会干扰非开挖下水道施工的顺利进行。为解决这一问题，日本研制了一种新型隧道掘进机，它能识别地下障碍物、固化周围的地面，然后通过喷射将其清除。

（5）污泥处理

污水处理厂最脆弱的组成部分之一是污泥收集器。大多数污泥收集器是飞链式的，随着使用时间的增长，链条往往会断裂。日本开发了一种新型污泥收集器——单轨污泥收集器，它的结构比飞链式要简单，安装在沉淀池中也更容易。

在东京，对于污泥脱水，螺旋压力机用得非常多。首先将聚合物凝结剂添加到进料污泥中，然后旋转筛网会使污泥变稠。接着，在进行螺旋压榨脱水之前，将污泥与另一种凝结剂混合。该系统位于气密外壳中，不会向环境释放异味。

在城市中，污泥被焚烧处理，有必要防止气味问题并减小焚烧后的体积。如何提高能源效率和减少 N_2O 等温室气体排放已成为一个主要问题。为此，日本开发了涡轮焚烧系统，它将电力消耗减少了 40%、燃料消耗减少了 10%、

N_2O 排放减少了 50%。

近年来，新颁布的法律要求电力公司使用清洁能源。针对这一趋势，日本开发了一种将污泥转化为生物炭的新技术，主要用于火力发电厂。生物炭完全没有气味，它扮演着碳中性燃料的角色，如果它被埋在地下，则是负碳燃料。废水污泥的另一种处理方法是熔化成炉渣，与其他热处理相比，它减少了重金属浸出并且副产物或炉渣的量最小。

（6）污水管维护与修复

下水道系统最脆弱的部分是将下水道主管连接到个人住宅或集水区的支管。它安装在靠近道路表面和其他公用设施管线的位置，很容易被其他公用事业运营商的繁忙交通和挖掘工程破坏。破裂的支管会吸入周围的土壤，从而导致人行道坑洼不平。为了防止对城市的威胁，日本开发了一种新的雷达系统，它可以搜索支管周围的地面空腔。SPR（螺旋缠绕法修复技术）是创新的非开挖式下水道修复技术，在污水管运行时，它可以修复任何形状的下水道，并在世界范围内广泛使用。

（7）充分利用污水处理设施

在日本各地，废水处理设施以各种方式用于公共目的。这些例子包括污水处理厂上的运动场、防洪池塘的休闲滨水区、废水处理系统的除雪或融雪，以及污水管道内的光纤电缆。总计 369 个污水处理厂允许公众使用其开放空间作为休闲娱乐公园、体育运动场、停车场等。

（8）小流域综合治理

日本的鹤见川治水历程从初期重点河段的整治逐步扩展为全流域统筹规划的综合治理，从将雨水更多更快地排入河道提升为推进疏、排、滞、蓄、渗等手段的综合运用，从开始单一的工程措施走向工程措施与非工程措施的结合，从专业部门治水扩大为全社会积极参与的全流域协调联动。经过长期的调查研究及应对措施的制定和实施，鹤见川流域成为日本小型流域综合治水的典型案例。鹤见川的综合防洪措施包括工程和非工程措施。工程措施包括河流对策、流域对策和地下调洪对策等，非工程措施包括洪水预警预报与防灾教育等。

3.3 伦敦

3.3.1 水务标准体系基本情况

伦敦市没有独立的标准体系，大多采用国家标准，涉水标准部门主要包括泰晤士河水务公司、英国环境署(EA)、英国饮用水监管局(DWI)、英国标准学会(BSI)等。这里主要介绍英国标准化情况。

英国被公认为是世界上标准化工作起步最早的国家之一，经过多年的实践和磨合，英国政府与本国非政府部门、协会和企业之间在技术性法规和标准的制定与实施上明确了职责与分工，负责技术性法规和标准的政府管理部门是贸易工业部，具体执行单位是该部内的标准和技术法规司。政府只对技术法规和标准提出指导性原则，并不介入具体的制定工作。英国政府委托民间独立的非营利组织——英国标准学会统一领导英国技术标准的编制和监督工作，其发布的标准即为英国国家标准(BS)。对内，BSI 代表英国国家标准机构，制定标准和应用创新的标准化解决方案，满足公司和社会需求；对外，BSI 代表英国，是国际标准组织秘书处五大所在地之一，同时作为正式成员参加 ISO、IEC 的活动。

英国国家标准除本国制定的标准外，还大量采用欧盟标准(BS-EN)、ISO 标准(BS-ISO、BS-EN-ISO)等外部标准。除 BSI 外，英国各领域的一些大型专业学会(协会)、团体，也根据法规、技术准则、BS(或 ISO、IES、ENS)标准，以及实践需要制定本专业的技术标准，如英国国家住房建造委员会(NHBC)制定《住宅建设标准》等。自 1973 年英国加入欧共体后，根据欧盟法优先适用和直接适用原则，EUROCODES、EURONORM、EN 等欧盟标准也被英国大量采用。

BS 标准没有强制性，属自愿采用的标准，由使用者自愿采用或在合同中约定使用。但是，这些标准一旦被技术准则引用，则被引用的部分或条款即具有与技术准则相同的法律地位。团体标准多数为推荐性的，有的则要求会员或会员单位严格遵守。BS 标准制定过程严谨，并体现公开性和透明性原则。标准制定分7个程序：① 制、修订标准的新工作项目，在《BSI新闻》上发通告。② 确定计划完成期，记录工作进度。③ 起草标准文件。④ 征求公众意见。⑤ 审查公众意见。⑥ 审批最终稿，由技术委员会主席、BSI标准部主任、BSI会长和经办秘书长签字。⑦ 编辑、排版、印刷。

3.3.2 不同领域水务标准

1. 水安全

在水安全领域，主要有伦敦防洪标准、英国水库工程设计洪水标准、洪涝防治策略等内容。

（1）防洪标准

伦敦防洪标准为50～200年一遇，防潮标准为100～1 000年一遇，内涝治理标准为30～100年一遇，排水管网建设标准为5～30年一遇，城区积水最大允许深度要求控制在30 cm以下。

（2）水库工程设计洪水标准

在英国，对于大坝安全政府没有任何的强制性标准，大坝的设计洪水通常由1978年伦敦土木工程师协会的设计导则确定。英国水库根据水库等级、溃坝危害程度和泄洪初始状态，规定其设计洪水标准，如表3-7所示。

表3-7 英国水库工程设计洪水标准

<table>
<tr><th colspan="2">分类</th><th rowspan="2">水库起始状况</th><th colspan="3">大坝入库设计洪水</th></tr>
<tr><th>等级</th><th>失事危害</th><th>一般标准</th><th>最低标准（允许特殊情况下洪水漫顶）</th><th>设计最小波浪安全超高及计算采用风速</th></tr>
<tr><td>A</td><td>危及大量生命</td><td>宣泄长期日平均入库流量</td><td>PMF</td><td>0.5PMF或者万年一遇洪水（取大值）</td><td rowspan="2">冬季：10年一遇最大小时风速；夏季：年平均最大小时风速；波浪超高最小0.6 m</td></tr>
<tr><td>B</td><td>（1）不造成重大人身伤亡；（2）造成大量财产损失</td><td>恰好蓄满（无溢流）</td><td>0.5PMF或者万年一遇洪水（取大值）</td><td>0.3PMF或1 000年洪水（取大值）</td></tr>
<tr><td>C</td><td>对生命威胁很小，财产损失有限</td><td>恰好蓄满（无溢流）</td><td>0.3PMF或1 000年洪水（取大值）</td><td>0.2PMF或150年洪水（取大值）</td><td>年平均最大小时风速；波浪超高最小0.4 m</td></tr>
</table>

续表

分类		水库起始状况	大坝入库设计洪水		
等级	失事危害		一般标准	最低标准(允许特殊情况下洪水漫顶)	设计最小波浪安全超高及计算采用风速
D	不危及人身安全,损失极有限	宣泄长期日平均入库流量	0.2PMF 或 150 年洪水	不做要求	年平均最大小时风速;波浪超高最小 0.3 m

注:PMF 指最大可能洪水。

(3) 洪涝防治策略

科学规划,构建城市内涝预防体系。伦敦政府严格把关城市建设规划以控制洪灾风险,特别是禁止在洪灾高危地区搞建设,要求规划程序各个层面都要进行洪灾风险评估,开发商要对其开发项目进行相关评估。

完善暴雨预警机制。在出现洪灾危险时,政府通过电话、手机短信、网站向人们发布警告,几分钟之内就可以传到市民手中。大伦敦政府要求地方区县政府部门和地方当局建立强降雨预警制度,制定应对内涝方案等。英国成立"洪水预报中心",该中心综合利用气象局的预报技术和环境署水文知识,就强降雨可能引发地表水泛滥风险发布预警。

积极推广可持续的排水系统。英国大力推动采用先进的"可持续排水系统"技术来管理地表和地下水,要求所有新开发和重新开发的地区都要认真考虑建设既能减少排水压力,又环保的"可持续排水系统",并为此专门成立了国家级工作组。

实施"超级工程"。2005 年,伦敦政府提议建造名为"泰晤士河隧道"的超级工程,这个巨大的地下隧道沿着泰晤士河建设,内径为 7.2 m,长约 15~25 km,埋在地下 67 m 处,将连通 34 个污染最重的下水管道,将本来要排到泰晤士河中的污水收集处理。隧道系统包括截流井、连接管、连接隧道和主隧道,利用重力将污水向东排放。预计完工后,伦敦将一劳永逸地解决城市防洪排涝问题。

伦敦水务部门经过长期实践后,将这些洪涝防治措施进行总结、提炼,形成相关技术文件,指导伦敦防洪治涝工程建设。

2. 水保障

在水保障领域,主要有伦敦供水安全系数、应急保障能力、管网漏失率,供水处理工艺，饮用水水质标准等内容。

(1) 一般情况

伦敦用水中地表水比重为80%，供水安全系数为1.61，本地水资源开发利用比率仅为49%。现状供水系统可以应对100年一遇的干旱事件，规划到2030年可以应对200年一遇的干旱事件。由于伦敦是一座历史悠久的老城，管龄在150年以上的管道占总管网的三分之一，导致管网漏失率较高——接近26%。计划到2035年，为所有用水户安装智能水表。

(2) 供水处理工艺

泰晤士水务公司的制水工艺是在常规处理上增加活性炭吸附和臭氧处理环节。其制水的一般流程是将水库的原水用管道引进自来水厂，在混凝、沉淀后，引入初滤池，经沙层过滤后进入活性炭罐，用活性炭吸附有机化合物(活性炭定期更换)，然后用臭氧去除TP等物质，将水体中有害物质的大分子变为小分子，最后用液氯消毒杀菌(图3-6)。经处理后的出厂水可直接饮用。

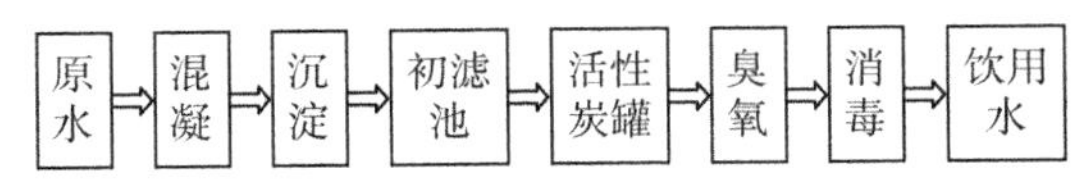

图3-6　泰晤士水务公司制水工艺流程

(3) 饮用水水质

2000年，英国遵照1998年的欧盟饮用水法令制定了新的饮用水水质标准。新水质标准覆盖了欧盟标准的全部内容，还包括11项英国自己的国家标准，包括微生物参数、化学参数、农药参数、物理参数等共43项水质指标参数，并且针对用户水龙头、供水水库和水厂等不同供水网络点位规定了水质参数标准。

3. 水环境

在水环境领域，主要有污水、污泥处理工艺，污水处理排放标准，排放到不同水体的污水排放标准等内容。

(1) 污水处理

伦敦污水处理率达到100%。污水处理厂处理程序包括预处理、一级处理、二级处理和三级处理。预处理包括格栅和沉砂池，初沉池被用于一级处理，二级处理包括活性污泥单元(曝气池)和二沉池。间歇曝气过程可以被用于活性污泥单元（曝气池），此过程可以提高移除营养物质的效率。因此，整个污水处理系统中没有额外的移除营养物质的水处理构筑物。紫外线辐射消毒杀菌技术可以用于三级处理，此技术可以有效地杀死大肠杆菌群。

表 3-8 所示是英国某一污水处理厂的污水处理效果。

表 3-8 污水处理效果

	参数						
	BOD	COD	TSS	pH	大肠杆菌群	NH_4^+(mg・N/L)	总 P
污水流入浓度	320	ND	256	7.05	1.3×10^7/100 mL	26.2	14.4
排放标准	25	125	35	6～9	1 500/100 mL	10	2
处理率(%)	92	ND	86	ND	99.99	62	86

（2）污泥处理

泰晤士水务公司现阶段污泥主要有四种处置技术：厌氧消化技术、深度脱水技术、污泥土地利用和污泥焚烧技术。其中以“厌氧消化—脱水—土地利用”为主。

厌氧消化技术。厌氧消化技术在英国得到广泛的应用，英国建有约150 项污泥厌氧消化处理工程，有 75%的污泥进行厌氧消化处理，并且越来越多的厌氧消化系统采用热水解技术对污泥进行预处理。

深度脱水技术。BUCHER 压滤技术是一项新型、高效的污泥深度脱水技术，在英国已有工程应用。在常规药剂投加剂量的条件下，该技术可使污泥含水率降低到机械脱水的极限，脱水泥饼含固率可达 50%左右。

污泥土地利用。虽然对污泥土地利用的要求越来越严格，且面临餐厨垃圾有机肥的激烈竞争，但是土地利用仍然是英国最主要的污泥处置方式。为防止污泥产品造成土壤污染，英国制定了严格的污泥土地利用准入标准。用污泥安全导则对污泥处理方法和土地利用以及对污泥利用于工业原料作物等加以规定。

污泥焚烧技术。当污泥泥质不佳或土地资源化利用受限时，污泥通过焚烧可彻底实现无害化处置。英国污泥焚烧方式包括单独焚烧和协同焚烧，单独焚烧是指单独建设焚烧设施对污泥进行焚烧，协同焚烧是指利用已有的工业窑炉焚烧污泥。

（3）污水处理排放限值

如果只有出厂水水质检测结果，则BOD和COD都低于浓度限值出水就是合格的；如果有进厂水和出厂水水质检测结果，则BOD和COD都低于浓度限值或消除率大于等于最小消除率出水就是合格的（表3-9）。

表3-9　BOD和COD排放限值

参数	浓度限值	最小消除率
BOD_5（20℃）	25 mg/L O_2	70～90
COD	125 mg/L O_2	75

在一个自然年中，出水不合格的次数会被记录，如果不合格次数超过表3-10所示的限制，则BOD和COD处理是失败的。

表3-10　BOD和COD最大允许不合格次数

检测次数	最大允许不合格次数
4～7	1
8～16	2
17～28	3

氮和磷排放限值采用年平均值，N和P的合规值是基于一个自然年的数据。如果只有出厂水水质检测结果，则N或P年均值大于浓度限值出水就是不合格的；如果有进厂水和出厂水水质检测结果，则出水N或P年均值大于浓度限值且年平均消除率小于最小消除率出水就是不合格的（表3-11）。

表3-11　N和P排放限值

参数	浓度限值（年平均值）	最小消除率（年平均值）
总磷	2 mg/L P（服务1万～10万人口） 1 mg/L P（服务大于10万人口）	80
总氮	15 mg/L N（服务1万～10万人口） 10 mg/L N（服务大于10万人口）	70～80

（4）污染物排放标准

英国针对河口和沿海水域、淡水水域等不同的接受水体制定了水污染物排放标准，包含多达95项水质指标，其中每项指标分别规定了年平均值标准和最大允许值标准。年平均值标准用来评价长期对环境的影响，最大允许值标准用来评价短期对环境的影响。

4. 水生态

在水生态领域，主要是英国河流修复中心发布的河流修复技术手册。

该手册的总体目标是发扬河流修复和管理的良好做法，以支持健康的河流生态系统。更新后的手册包含来自英国39个不同项目站点的69个技术示例，说明了针对不同类型河流的多种修复方法。每个示例都描述了如何通过使用特定技术来计划和实现河流修复或管理的特定目标；工程包括什么内容；该技术效果如何以及其后来的发展情况。手册中包含了许多在河道生态修复工程实例中应用的技术，如恢复河流的蜿蜒性(Restoring meanders to straightened rivers)，提升河流历史风貌(Enhancing historic river features)，改善当前平台的弯曲度(Improving sinuosity of current platform)，绿堤保护(Green bank protection)，改善河槽形态(Improving channel morphology)，天然洪水管理：管理陆上洪水(NFM: Managing overland floodwaters)，天然洪水管理：创造洪泛平原湿地特色(NFM: Creating floodplain wetland features)，为公共、私人和牲畜提供通道(Providing public, private & livestock access)，加强河流排水口(Enhancing outfalls to rivers)，利用从河流中挖出的废料(Utilising spoil excavated from rivers)，河流改道(River diversions)，消除或绕过障碍(Removing or bypassing barriers)等。

5. 水管理

在水管理领域，主要是伦敦建设可持续排水系统采取的措施。

伦敦主要建设的是合流制排水系统，为了应对各种压力和挑战(人口增加、土地硬化、气候变化等)，伦敦政府大力推行可持续排水系统(通常称为SUDS)，以降低城市发生洪水和河流污染的风险。通过推行可持续排水系统，规划从2015年开始，每年减少1%的进入污水管网的地表径流，到2040年累计减少25%。可持续排水系统包括对地表水和地下水进行可持续式管理的一系列技术。主要采取如下措施：①雨水收集桶。利用雨水收集桶收集的雨水不能直接饮用，常用作灌溉、冲厕、冲洗车辆或植物清洗等。雨水收集可缓解伦敦日益严重的水资源短缺问题及提升市政排水系统能力。②铺装可渗透性路面。铺装可渗透性的硬质表面，除了雨水可渗透外，渗透性硬表面的工作方式与传统的不透水表面大致相同，但使雨水更易于渗入土壤，缓解市政排水系统的压力，降低发生内涝的风险。③洼地。洼地通常用作道路，兼具美化环境的作用，遇到强降雨天气时则可以储存、运输和过滤雨水。④生物滞留。利用一系列景观特征，包括芦苇床、过滤排水管等，用于过滤和处理地表水。此项措施通常用于污染风险较低的地方，如道路径流、公园等。

6. 水景观

在水景观领域，主要是泰晤士河滨水空间复兴采取的措施。

泰晤士河滨水空间的复兴过程与英国城市再生政策的发展密切相关。泰晤士河及沿岸改造采取以下三个措施进行功能整合。

(1) 对沿河历史因素的保护与发展。重点保护国会大厦(House of Parliament)、圣保罗大教堂和伦敦桥等历史建筑，以及各政府部委大楼和歌剧院等早期建筑，并以此为空间节点形成功能特色分区。

(2) 强化文化功能。在泰晤士河中段原有的影剧院等文娱设施区域集中开发文化功能建筑群体。利用轻轨桥体侧面和下面的空间建设书店、电影博物馆，将旧厂房改造为艺术馆，并以新设计的步行桥连接河对岸的圣保罗大教堂，串联成一条文化旅游线路。

(3) 增加其他功能。在两岸增加商务、艺术展示和金融等功能，与周边的咖啡馆、购物中心、办公娱乐建筑一起，组合出丰富的城市空间。

形态方面，改造后的泰晤士河公共开放岸线更长，住宅前的岸线也变为公共所有；防汛设施标高低，亲水性强；游轮码头直临亲水平台，有利于水岸互动；岸边空间开放，有大量草坪和公园林地。滨水步道则将这些开放空间串联起来，形成完整的河滨游憩公共系统。

滨水视觉景观控制与标志性建筑。泰晤士河两岸的建筑直接临水形成整齐且富有视觉吸引力的滨水景观，而标志性景观建筑、现代广场与新建筑群组的结合、历史建筑周边的草坪景观等则使得两岸界面更加丰富多样。为保护两岸景观界面以及地标建筑的领空城市意象，伦敦在战略总体规划中制定了严格的建筑高度管控政策以及 27 条视觉走廊。

7. 水文化

在水文化领域，主要是泰晤士河水文化塑造采取的措施。

在进行污水治理的同时，伦敦市政府也积极考虑泰晤士河的转型，在原来单纯的水利、交通运输功能的基础上，更加考虑了城市形象改善、自然生态保护，特别是旅游娱乐等综合功能的开发和利用。在治理的过程中，保护原有历史建筑，充分挖掘其文化底蕴。泰晤士河休闲旅游以举办主题活动为重心，采取活动主导的开发模式，两岸众多具有历史、文化、景观意义的建筑、公园、桥梁，被广泛用于各种体育、娱乐、政治活动。此类活动巧妙联系了泰晤士河及其两岸的资源，使休闲旅游和参与性活动融为一体，为文化型河流休闲旅游树立了典范。

3.4 纽约

3.4.1 水务标准体系基本情况

纽约没有自身独立的标准体系，大多采用美国国家标准，涉水标准部门主要包括纽约州环境保护局(NYSDEC)、美国环保署(USEPA)、美国陆军工程兵团(USACE)、垦务局(USBR)、美国土木工程师协会、美国国家标准学会等。这里主要介绍美国标准化情况。

美国的标准化工作起步较早，1901 年成立美国国家标准局(NBS)，1969 年成立美国国家标准学会(ANSI)。美国现行的标准体系是自愿性、开放性和分散性的体系，以自愿性为主、强制性为辅，是由联邦政府、各专业标准化组织和企业等非联邦政府标准体系和民间领域合作建立的，分为国家、行业(协会/学会)、企业三类标准。其中，联邦政府负责制定一些强制性标准，主要涉及制造业、交通、环保、食品和药品等；非联邦政府标准体系或者民间领域标准体系，即各专业标准化团体的专业标准体系，一般为自愿性、推荐性标准。其中，专业和非专业的标准制定组织和机构、各行业协会和专业学会在标准化活动中发挥着主导作用。美国标准体系由美国民间标准化组织——美国国家标准学会充当协调者并推动标准化活动，对外代表美国参加国际标化组织和活动，本身并不制定标准。由 ANSI 认可的标准制定机构的标准只有少数被 ANSI 批准而成为美国国家标准。另外，还有公司标准，由公司或者机构针对自己生产或者采购的产品制定和使用。

美国标准体系有 3 个显著特点：

体系开放、广泛参与。美国推行民间标准优先的标准化政策，标准化体系开放，凡是有能力编制标准、感兴趣采用标准的组织，均有机会参与标准化工作。市场机制促使标准化体系开放还体现在标准的编制上实行"自愿编写、自愿采用"原则，任何一个组织包括专业协会、学会、制造商等，都可以自己投资编制它认为有市场需求的技术标准。这种开放的体系保障了公众和企业能积极参与国际、国内的各种标准化活动并能及时根据市场需要进行标准立项。美国标准化体系开放，调动了各方面的积极因素广泛参与。

制定程序开放、透明。美国标准化体系的另一个特点是注重程序，程序文件渗透到标准化工作的各个环节。对标准制定，有制定机构应遵循的规范程序；对标准审批，有相应的批准程序；为确保公开性，还有相应的监督程序等。这些规范的程序保证了标准的水平与质量。

以市场为导向、效益为宗旨。美国标准化的市场机制使得制定标准是为了谋求效益，贯彻标准是为了实现标准化体系运行的效益。

美国最大的标准组织为材料与试验协会（ASTM），此外，美国陆军工程兵团、美国垦务局、美国环保局、美国混凝土协会、美国国家标准协会、美国给水工程协会、美国土木工程师协会等均制定了相关的水务标准。目前，纽约的一些标准均来源于上述机构的下属单位，此外，纽约环保局也在纽约的水务标准体系中扮演着非常重要的角色。

3.4.2　不同领域水务标准

1. 水安全

在水安全领域，主要有纽约防洪标准、美国水库大坝溢洪道设计洪水标准、纽约的洪涝防治策略等内容。

（1）防洪标准

纽约防洪标准为 100～200 年一遇，防潮标准为 100～500 年一遇，内涝治理标准为 50～100 年一遇，排水管网建设标准为 10～15 年一遇，城区积水最大允许深度要求控制在 10 cm 以下。

（2）水库大坝溢洪道设计洪水标准

美国陆军工程兵团于 1974 年出版的《水库安全检查参考指南（手册）》中，按库容、坝高和失事造成灾害的风险程度对大坝进行分类，规定了不同溢洪道洪水标准（表 3-12）。

表 3-12　水库大坝溢洪道设计洪水标准

工程规模			设计洪水（重现期或可能最大洪水）		
分类	库容（万 m^3）	坝高（m）	高风险	中风险	低风险
大型	＞6 170	＞30	PMF	PMF	0.5PMF～PMF
中型	123～6 170	12～30	PMF	0.5PMF～PMF	100 年～0.5PMF
小型	6～123	8～12	0.5PMF～PMF	100 年～0.5PMF	50～100 年

（3）洪涝防治策略

①健全的地方性法律法规

美国是世界上最早建立国家强制性洪水保险体制的国家，1968 年，美国国会就通过了《国家洪水保险法》。联邦紧急事务管理局还组织绘制了洪水保险图，规定在城市行洪区内不准建任何建筑，在非行洪区内可以修建建筑物，但修建前必须购买洪水保险。纽约市在吸收联邦政府保险法的基础上，强制性出台了城市防内涝的地方性法律。纽约地方立法规定，城市新开发区域必须实行强制的“就地滞洪蓄水”，不准在纽约下水道入海口附近建设任何大型建筑物。纽约政府还为一些城市生活低收入者主动购买洪水保险。

②环保型的混合下水道

在纽约 70％的地区是合流制下水道，纽约下水道有 14 座污水处理站，每天能生产 1 200 t 生物肥料，把废物进行处理，变成可以利用的肥料。此外，纽约政府向市民免费发放雨水收集储存罐，帮助市民收集雨水，可以减少雨水进入下水道，还可以合理高效地利用水资源。

③采用最新科技，定期清理下水道内部的污物

纽约市政府通常会向联邦政府采购最新研发的垃圾清运与处理技术，对城市地下管道的垃圾进行高技术清除。纽约环保局拥有多功能卡车，可以利

用车上配备的高压喷射水枪清洁充满油垢的下水道。多功能卡车上还装有一条 30 英尺[①]长的软吸管,可以吸走下水道的碎石和泥沙。

④注重防洪排涝细节

纽约在城市规划建设中尤其注重防洪排涝,对一些细节化的程序做到了极致。比如,纽约很多道路和绿地之间能形成水通道,大雨时,地表径流通过水通道,顺利进入绿地,这样既可以浇灌绿地树木,还能使得道路不会形成地面积水。还有很多社区在道路、停车场和楼房周边绿地建露天低地或排洪沟,以利迅速排水,同时提高绿化率,有效减少内涝。此外,在立交桥两侧护板上多开直排雨水孔,大雨时,能及时排掉桥面积水,也能避免桥面积水汇集到下桥段的低地,阻碍交通。

纽约水务部门经过长期实践后,将这些洪涝防治措施进行总结、提炼,形成相关技术文件,指导纽约防洪治涝工作的开展。

2. 水保障

在水保障领域,主要有纽约市水处理工艺、美国饮用水水质标准、节水相关指标等内容。

(1) 水处理

全美乃至世界的许多评级系统中,都把纽约市的饮用水评为全世界最好的水,甚至被称为香槟级别的饮用水。全美只有 5 座城市没有利用过滤方式来处理他们供应的地表饮用水,来自 Catskill 和 Delaware(特拉华河流域)系统的纽约水就是其中之一。这完全是由于 Catskill 和 Delaware 地区的天然水源已经拥有了极其优异的水质标准。纽约市的基本水源处理方法仅需要经过两种形式的消毒处理以减少微生物污染风险。通过添加一种常见的消毒剂——氯,杀死病菌,抑制微生物在水管内的生长,对水进行消毒。然后,让水经过紫外线(UV)消毒设施实现再次消毒。水在进入 UV 消毒设施后,被暴露在 UV 光下,可以有效灭活有潜在危害的微生物,而 UV 处理不会添加其他物质,也不会改变水的化学性质。

环保署还会在将水送入分配系统前,往里面添加食品级磷酸、氢氧化钠

① 1 英尺≈0.305 米。

和氟化物。添加磷酸的原因是这种物质会在水管上形成一个保护膜,减少供水线和家庭管道内铅等金属的释放量。添加氢氧化钠的作用是增大酸碱值,减少家庭管道被腐蚀的情况。添加氟化物的目的是强化牙齿保护,有效预防龋齿,添加量是联邦批准的水平——0.7 mg/L。

(2) 饮用水水质

美国环保署水质标准(2009 年)包括国家一级标准和二级标准。一级标准是强制性标准,污染物参数多达 88 项,并且每项参数规定了最大污染物水平目标(MCLG)和最大污染物水平(MCL)。MCLG 是指低于该水平,则没有已知或预期的健康风险,是不可强制执行的公共卫生目标;MCL 是使用最佳的可用处理技术并考虑成本可以达到的污染物最低水平,是强制执行的标准。二级标准是非强制性标准,水质参数共 15 项。环保署将水质标准推荐给供水管理部门,各州可根据具体情况将其纳入强制性标准。除了一级和二级标准外,还有非控制污染物指标,这些污染物实际存在于供水系统中,根据《安全饮用水法案》也要对它们进行控制,环保署为此专门制定了《非控制污染物监测条例》。

(3) 节水指标

2018 年,纽约市万元 GDP 用水量为 1.95 m^3,再生水利用率 40%,自来水已达到 100%直饮,供水管网漏失率在 8%左右。

3. 水环境

在水环境领域,主要有纽约市污水处理工艺、美国市政污水处理排放标准体系、地表水环境质量标准基本情况等内容。

(1) 污水处理

纽约市污水处理率已达到 100%。以 Stickney 污水处理厂为例介绍美国污水污泥处理情况。

芝加哥 Stickney 污水处理厂是世界上最大的污水处理厂,其进水泵站是世界最大的地下式污水提升泵站,污水从地下 90 m 深的隧道中提升至污水处理厂。1930 年建成投运时,其为一座有 3 组双层沉淀池和 12 条污泥自然干化床组成的一级处理厂。随着城市的发展和水源保护标准的提高,1935 年开始在西厂的西南侧建设以活性污泥法为主要处理工艺的西南污水处理厂。

在污泥处理方面，经多次扩建，增设了湿式氧化站、中温消化池、真空脱水机装置，使该厂的设施更加完善。由于历史原因，其污水处理设施既有古老的双层沉淀池和污泥自然干化床，也有新颖的曝气池、污泥消化池和湿式氧化装置。在污水处理工艺方面，采用了传统的活性污泥法为二级处理的主要手段。Stickney 污水处理厂采用了多种污泥处理工艺，初沉污泥在双层沉淀池下部常温消化，消化后的污泥部分经干化床自然干化，部分转送到污泥塘稳定，剩余活性污泥全部经浓缩后进入中温消化池，部分消化污泥由真空滤机脱水后烘干制成肥料，另一部分经浓缩后加压输送到污泥塘，进一步稳定并脱水，然后用船送到郊区农田以施肥。Stickney 污水处理厂的平均水力停留时间是 8 小时，出水 BOD_5 和 SS 均小于 10 mg/L，出水氨氮小于 1 mg/L。

（2）美国市政污水处理排放标准

美国市政污水处理排放标准（U. S. Municipal Sewage Treatment Discharge Standards）的制度体系包括其法律依据和制度基础。制度基础则是明确排污标准制定方法和流程的污染物排放消减系统（National Pollution Discharge Elimination System，NPDES）许可证制度。

1972 年通过的水污染控制法（1972 Federal Water Pollution Control Act，FWPCA）修正案，开启了美国的现代水污染控制之路，其中提出了 NPDES 许可证项目。而 NPDES 许可证中的核心内容是排污标准的制定。

在 NPDES 许可证制度下，美国境内所有正在或者将要向水体排放污染物的点源都必须获得一个 NPDES 许可证。NPDES 许可证主要由封面、排放限值、监测和报告需要、特殊情况和标准情况组成，其中，最重要的是排放限值的确定，可分为基于技术的排放限值（Technology-Based Effluent Limitations，TBELs）和基于水质的排放限值（Water Quality-Based Effluent Limitations，WQBELs）。

TBELs 是根据当前技术和经济条件制定的适用于美国所有污水处理设施的排放标准，是污染物排放的最低要求。但是 TBELs 并没有考虑污染物排放对水体的影响，后者在 WQBELs 中被考虑。WQBELs 是各州通过规定受纳水体需要达到的水质要求，从而反推设定的排放限值。TBELs 作为国家性质的标准是较为宽松的标准，WQBELs 作为地方性质的标准是相对严格的标准。两个标准相互补充、协同作用，达到了改善水环境质量的目标。

WQBELs 是各州政府针对当地污水处理厂制定的排放标准，其目的是为了满足水环境质量的要求，因此其各项指标的排放限值更严。WQBELs 的政策目标是使水体适合钓鱼和游泳，并没有有毒物质。WQBELs 是在具体情况中对 TBELs 的补充，TBELs 是 WQBELs 的制定基础，WQBELs 必须是基于 TBELs 制定的更严格的指标限值。各污水处理厂不仅需要满足联邦统一的 TBELs，更需要满足各州政府规定的 WQBELs。TBELs 与 WQBELs 之间的关系见表 3-13。

表 3-13　TBELs 与 WQBELs 之间的关系

	TBELs	WQBELs
政策目标	合理地实现污染物进一步减排	使水体适合钓鱼和游泳，没有有毒物质
制定依据	基于污水处理技术和社会经济条件	基于水环境质量要求
执行对象	全美所有市政污水处理厂	各州具体的市政污水处理厂
指标限值	较为宽松	相对严格
相互关系	WQBLEs 的制定基础	TBELs 的补充标准

（3）美国地表水环境质量标准

美国地表水环境质量的标准系统相当复杂，各个州、海外领地和印第安部落都要根据环保署的推荐标准结合各地的实际情况确定本地的水质标准，这些标准定期要进行重新评估和修改。为此，美国环保署发布了《水质标准手册》(*Water Quality Standards Handbook*)，一共有 7 章：第 1 章一般规定，第 2 章水体指定用途，第 3 章水质标准，第 4 章防止水质恶化，第 5 章一般政策，第 6 章检讨及修订水质标准的程序，第 7 章水质标准及以水质为基础的污染控制方法。

各州的水质标准包括 4 个组成部分：水体指定用途(designated use, DU)，保护水体用途的定量和定性指标，防止水质恶化(antidegradation)条款，以及各州和授权部落可能会自行采取的、会影响 WQS 应用和实施的一般政策。《清洁水法》对水体指定用途的规定包括了水体目前用途、自 1975 年 11 月 28 日的曾经用途，以及水体水质可以支持的其他用途。主要的水体用途包括：饮用水源(处理/未处理)、娱乐用水(长期/短期皮肤接触)、渔业用水、水生生物栖息地（温水性/冷水性）、农业用水、工业用水等。几乎所有的水体都有多项指定用途，所有水体都应满足基本的可供游泳和鱼类生存（fishable/swimmable）的功能，除非有证据表明这是不切实际的。

为了保证达到水体的指定用途，各州需要依据科学数据制定各项物理、化学和生物指标对水体质量进行评价并定期对这些标准进行审定修改。目前应用最广泛的是污染物浓度、水温、pH 等定量指标，污染物浓度指标根据时间尺度不同有瞬时浓度、每日平均浓度、四日平均浓度、月平均浓度等不同标准，根据水质分析和生态评价的结果，那些不能满足指定用途的水体进入功能受损水体列表，各州环保部门有责任为这些水体制定流域 TMDL（Total Maximum Daily Loads，最大日负荷总量，是在满足水质标准的条件下，水体能够接受的某种污染物的最大日负荷量）。对于那些水质指标优于环境标准的水体，则需要应用防止水质恶化条款以保护这些优质水体。

4. 水生态

在水生态领域，主要有河流廊道修复、河岸加固、河流修复工程的水力设计相关标准，以及河流近自然化综合治理做法。

（1）《河流廊道修复的原理、方法和实践》

美国农业部、环保署等部门联合出版的《河流廊道修复的原理、方法和实践》（*Stream Corridor Restoration: Principles, Processes, and Practices*，2001 年）内容包括恢复河流廊道动态平衡和功能的大量方法。该文件提倡使用生态过程（物理、化学和生物）和最小限度的侵入性解决方案来恢复能自我维持的河流廊道功能，为开发和选择适当的解决方案提供必要的信息，并为有价值的河流廊道及其流域做出明智的管理决策。主要有三大部分，第一部分的目的是提供有关规划和设计河流廊道修复所必需的基本概念的背景知识，包括三章；第二部分是制订河流廊道修复计划，考虑到修复计划目标的多样性，第二部分着重于确定和解释每项修复计划应遵循的总体修复计划制定过程，包括三章；第三部分是应用修复原理，介绍了条件分析和设计如何引导修复廊道结构以及栖息地、通道、渗透/屏障、源和汇功能，包括三章。

（2）《河流调查与河岸加固手册》

美国陆军工程兵团水道试验站发布的《河流调查与河岸加固手册》（*The*

WES Stream Investigation and Streambank Stabilization Handbook，1997年）内容涉及河流地貌学与河道演变、河流系统的地貌评价，河岸加固方法综述等。本手册旨在为河岸保护工程的设计、施工和监测提供一般指导，它还向读者介绍了河道稳定性的基本概念，以及用于理解和分析河流过程的程序。

有数百种不同类型的可能的河岸稳定技术，可用于各种河流类型和物理环境。手册提出了一系列结构类型和应用案例，包括从传统技术（如翻石铺路、铺石堤和挡泥板）到低成本和创新技术（如深水槽堰和生物工程措施），内容全面，涵盖了广泛的技术和设计指南，一共有12个章节。

（3）《河流修复工程的水力设计》

美国陆军工程兵团发布的《河流修复工程的水力设计》（*Hydraulic Design of Stream Restoration Projects*，2001年）目的在于为从事河流修复工程的技术人员提供系统的水力设计方法，主要有4个章节内容。第2章概述了定义项目目标和约束条件；第3章概述了如何确定在水力设计过程中可能很重要的水文数据；第4章概述了稳定性评估方法，这些方法对于建立基准地貌条件以及评估项目方案的有效性和地貌影响非常重要；第5章介绍了符合工程特点的水力设计方法，以及评估水力和泥沙运输对工程方案影响的方法。

（4）河流近自然化综合治理

美国河流近自然化综合治理的任务主要有4项：水质改善、水文情势改善、河流地貌修复、生物多样性的恢复与维持。水质改善是河流近自然化综合治理的前提条件；水文情势改善不仅要考虑生态基流，还要考虑自然水流的流量过程恢复，以满足河道生态系统内各生物的基本需水量；河流地貌修复主要是改善河流受到的地貌形态改变，如水利工程导致的河流横向和纵向的生态阻隔、河流渠道化、河流漫滩侵占、无序采砂等；生物多样性的恢复的关键是河流栖息地的维护和完善。

近年来，大型木石工法（Large Woody Debris，LWD）在美国河流修复领域十分流行。LWD在森林管理领域，是指自然倾倒在河流中的影响河流自然流动和河岸稳定的原木残体。在河流修复领域，利用LWD影响水流和河岸的原理，LWD专指一种工法，通过在河岸及河道中布置合适的原木及块石，达到改善河流水文情势、河岸稳定和营造生物栖息地的目的。相对于不透水的硬化混凝土和浆砌石挡墙，LWD 是一种近自然化的工法，但不适用于建造较高的堤坝。LWD 的优点是近自然化、无害化、就地取材易于施工、造价低、使用寿命较长。

5. 水管理

在水管理领域，主要有纽约州雨水管理设计手册，以及美国陆军工程兵团发布的系列水利设计手册等内容。

(1)《纽约州雨水管理设计手册》

《纽约州雨水管理设计手册》(*New York State Stormwater Management Design Manual*)是纽约州指导雨水管理设计的一个专业手册，共计 642 页。重新开发地块对环境的影响、雨水管理规划到绿色基础设施的设计(类似于低影响开发设施)，从每一个环节上告诉设计者手册的编制目的、基础数据的由来及如何应用手册计算。《纽约州雨水管理设计手册》有三个目的：a. 防止城市雨水径流对纽约州水系的污染；b. 雨水管理的设计标准，包括低影响开发设施设计标准，SMPs(雨水管理实践)，低影响开发设施的运行、检查和维护；c. 改善低影响设施及 SMPs。

(2)《工程与设计：潮汐水力学手册》

美国陆军工程兵团发布的《工程与设计：潮汐水力学手册》(*Engineering and Design TIDAL HYDRAULICS*)提供了解决潮汐水力问题的最新指南和工程程序，一共 154 页。本手册涵盖的主题包括从河口工程学的基础知识，到特定的问题解决技术(包括环境因素)，以及已完成项目的“经验教训”的总结。

本手册为河口航运和防洪项目的开发或改进提供了设计指导，提出了在以最少的建设和维护成本以及设计免受洪水破坏的条件下，提供安全有效的航运设施方面应考虑的因素，还提出了防止损坏河口环境质量的注意事项。

(3)《工程与设计：挡土墙和防洪墙手册》

美国陆军工程兵团发布的《工程与设计：挡土墙和防洪墙手册》(*Engineering and Design RETAINING AND FLOOD WALLS*)主要为挡土墙和防洪墙的安全设计和经济建设提供指导，一共 448 页。本手册主要用于会承受水力负荷的挡土墙，如在流水、浸没、波浪作用和喷雾，以及暴露于化学污染的大气和/或恶劣的气候条件下的挡土墙。

(4)《工程与设计:防洪渠水力设计手册》

美国陆军工程兵团发布的《工程与设计:防洪渠水力设计手册》(*Engineering and Design HYDRAULIC DESIGN OF FLOOD CONTROL CHANNELS*)介绍了承载快速和/或平静水流的改善渠道设计分析程序和设计标准,一共183页。

(5)《工程与设计:拱形坝设计手册》

美国陆军工程兵团发布的《工程与设计:拱形坝设计手册》(*Engineering and Design ARCH DAM DESIGN*)提供了关于混凝土拱坝的设计、分析和施工的信息和指导,一共240页。本手册提供了有关混凝土拱坝设计的一般信息、设计标准和程序、静态和动态分析程序、温度研究、混凝土测试要求、基础调查要求以及仪器和施工信息。

(6)《工程与设计:重力坝设计手册》

美国陆军工程兵团发布的《工程与设计:重力坝设计手册》(*Engineering and Design GRAVITY DAM DESIGN*)为土建工程混凝土重力坝的规划和设计提供技术标准和指导,一共88页。涵盖的特定领域包括设计考虑因素、载荷条件、稳定性要求、应力分析方法、地震分析指南以及其他结构特征。提供了有关评估现有结构和提高稳定性方法的信息。

(7)《工程与设计:溢洪道水力设计手册》

美国陆军工程兵团发布的《工程与设计:溢洪道水力设计手册》(*Engineering and Design HYDRAULIC DESIGN OF SPILLWAYS*)为防洪或多用途大坝溢洪道的水力设计提供指导,一共170页。

(8)《工程与设计:水库工程水文要求手册》

美国陆军工程兵团发布的《工程与设计:水库工程水文要求手册》(*Engineering and Design HYDROLOGIC ENGINEERING REQUIREMENTS FOR RESERVOIRS*)为水库工程规划和设计中的水文工程勘测的现场工作人员提供了指导,一共244页。

(9)《工程与设计:减少洪水灾害的水文工程要求手册》

美国陆军工程兵团发布的《工程与设计:减少洪水灾害的水文工程要求

手册》(*Engineering and Design* *REQUIREMENTS FOR FLOOD DAMAGE REDUCTION STUDIES*)介绍了减少洪水灾害措施的水文工程分析的基本原理和技术程序，一共68页。水文工程学在减少洪灾损失计划中起着至关重要的作用。它提供了制定水灾破坏问题解决方案并评估这些方案所必需的技术信息，从而可以建议最能缓解该问题的计划。

第1章介绍了计划问题，可以作为解决方案的减少洪灾损失的措施，用于确定推荐解决方案的标准以及在确定推荐解决方案时应遵循的政策和程序。通用要求在第2章中进行了介绍。第3章介绍了非工程条件。第4～9章定义了不同措施的特定要求。最后，第10章介绍了如何组合这些措施以及此类计划的制订和评估要求。

6. 水景观

在水景观领域，主要有纽约绿道建设、纽约滨水区综合规划的策略和具体做法等内容。

(1) 纽约绿道

美国纽约滨水区规划建设的历史较为久远，其规划体系包含了宏观至微观不同层面的规划引导文件，相关规划皆以绿道为核心建设对象，以沿绿道开展的各类运动及其配套服务为中心，将绿道这一运动景观的系统构建作为促进经济社会发展的重要抓手。在硬件设施方面，绿道包括5种类型：①城市绿道，通常由城市绿地和林地组成，为市民提供休闲的自然空间，或沿城市滨水空间建设，促进社区发展。②休闲绿道，通常包括徒步道、自行车道、游憩服务设施、野营地和水上游线，用于串联娱乐、文化与自然景点，着重于创造旅游和娱乐的效益。③风景名胜区绿道，该类绿道串联自然风景区及历史名胜区，主要由景区干道组成。④生态廊道，这类绿道起到保护生态资源和为生物提供栖息地的作用，具有一定的宽度和自然植被，是野生动物迁徙的通道。河流廊道通常也是生态廊道。⑤城市绿带，指围绕城市周边的大型绿地或城市之间的自然间隔带，通常由区域公园或森林构成。

(2) 纽约滨水区综合规划

在规划设计层面，美国纽约滨水区开发以《愿景2020，纽约滨水区综合规划》(以下简称《综合规划》)为规划建设指导文件。《综合规划》以1992年的规划为基础，集成纽约滨水区历年开发经验，并以新理念、新需求为导向，提出8大规划目标：①拓展可达性，在水、陆两方面，拓展纽约市民及游客到达滨水空间的可达性。②强化滨水空间活力，通过开发一系列有吸引力的功能，强化滨水空间活力及其与相邻社区的融合。③支撑滨水空间经济发展与就业。④提升水质，通过保护自然生境、城市更新和社区融合等系列措施，提升水体质量。⑤保护滨水区自然环境，尤其要保护自然环境中已退化的滨水区域，保护湿地与沿岸陆地。⑥强化蓝色网络，强化公众对蓝色网络(环绕纽约市的河道)的体验。⑦加强政府监管，在滨水空间与河道管理方面，提高政府部门的监管与部门之间的协作。⑧提高应对气候变化的弹性，提高城市应对气候变化与海平面上升的弹性，定义并制定提升策略。这8个目标可以概括为以拓展公共可达性为抓手，以强化滨水空间活力为途径，以生态保护与政府监管为支撑，增强经济发展与就业，促进滨水空间与相邻社区的融合，同时在应对气候变化方面未雨绸缪，做好应有的防范措施。

《综合规划》中还提供了详细的微观设计引导——滨水公共空间设计导则。在提高可达性方面，其主要内容分为4个层面：首先，要创造公众到达滨水空间的机会，即创造滨水空间的吸引力。《综合规划》中专门针对滨水空间适宜开展的亲水运动进行了调研，总结出几类大众喜闻乐见的运动，如赶海、垂钓、划船、游泳，并对上述空间进行了细分。其次，要提高滨水空间及其连接内陆空间路径的景观吸引力，特别是到达滨水空间的入口处，一定要传达出环境友好的特征。再次，增加步行道与水岸之间的景观丰富度，特别是水边的植物种植区。最后，要将滨水绿道与海岸线道路系统相互连接。设计导则还针对设施配套与环境建设提出了一系列引导措施，在游憩与运动设施配套方面，除了提供主要设施的种类，还强调设施应尊重本地的自然风貌和历史文化特征；在场地设计方面，应同时关注阳光场地与遮阳场地的设置，这一点对滨水空间的游人至关重要；在植物配置方面，不鼓励场地使用热带阔叶植物，鼓励使用低维护植被，提出绿化景观应采用丰富的植物品种，提高滨水空间的景观美感与生态效益，在洪水区或盐渍区应采用耐水湿耐盐碱的植物品种；在驳岸设计方面，提出应保护和加固自然水岸形态，水岸应成为培育丰富水生生物繁衍的栖息地。此外，其设计应对可预见的气候变化做出相应的调整。

第4章

深圳市水务发展定位分析

本章主要介绍了深圳市城市发展定位的变化过程，主要水务发展规划及其他相关文件提出的水务发展目标、发展定量或定性指标，水务建设管理对水务标准的需求，为后文水务标准建设任务的制定提供一定依据。

4.1　城市发展定位

深圳市在40年的发展历程中，总体上经历了奠基时期（1978—1985）、深化改革时期（1986—1992）、跨越式发展时期（1993—2002）、全面深化改革时期（2003—2020），不同历史阶段提出不同的发展定位：从建设综合性经济特区和外向型、多功能的国际性城市到朝着建设中国特色社会主义先行示范区的方向前行，努力创建社会主义现代化强国的城市范例。

《深圳经济特区总体规划（1985—2000）》提出，深圳是一个以工业为重点，海港、工业、外贸、旅游综合发展的外向型、多功能、产业结构合理、科学技术先进、高度文明的经济特区。

《深圳市城市总体规划（1996—2010）》提出，深圳市的主要职能为具有全国意义的综合性经济特区、区域综合交通枢纽、以集装箱运输为主的港口城市、与香港功能互补的区域中心城市、以高新技术为先导的区域制造业生产基地、一个具有亚热带滨海特色的现代历史文化名城。

《深圳市城市总体规划（2010—2020）》提出，深圳是我国的经济特区，全国性经济中心和国际化城市，国家综合配套改革试验区，实践自主创新和循环经济科学发展模式的示范区，国家支持香港繁荣稳定的服务基地，在“一国两制”框架下与香港共同发展的国际性金融、贸易和航运中心，国家高新技术产业基地和文化产业基地，国家重要的综合交通枢纽和边境口岸，具有滨海特色的国际著名旅游城市。

《深圳市城市总体规划（2016—2035）》提出，深圳市战略定位为卓越的国家经济特区、粤港澳大湾区核心城市、全球科技产业创新中心、全球海洋中心城市。

2018年1月，中国共产党深圳市第六届委员会第九次会议上，深圳市委常委会工作报告明确提出，“率先建设社会主义现代化先行区”。到2020年，基本建成现代化、国际化创新型城市，高质量全面建成小康社会。到2035年，建成可持续发展的全球创新之都，实现社会主义现代化。到21世纪中叶，建成代表社会主义现代化强国的国家经济特区，成为竞争力、影响力卓著的创新引领型全球城市。

2018年10月，习近平总书记在视察广东时对深圳市的发展提出期望，要求深圳市以改革开放的眼光看待改革开放，通过更多务实创新的改革举措继续“新时代改革开放”，全面激发改革潜力增创特区发展优势，成为新时代全面深化改革开放的新标杆，发挥我国城市高质量发展的示范引领作用。

2019年2月，中共中央、国务院印发《粤港澳大湾区发展规划纲要》，提出深圳发挥作为经济特区、全国性经济中心城市和国家创新型城市的引领作用，加快建成现代化国际化城市，努力成为具有世界影响力的创新创意之都。

2019年8月，中共中央、国务院印发《关于支持深圳建设中国特色社会主义先行示范区的意见》，提出着力高质量发展高地、法治城市示范、城市文明典范、民生幸福标杆、可持续发展先锋五个战略定位，朝着建设中国特色社会主义先行示范区的方向前行，努力创建社会主义现代化强国的城市范例。到2025年建成现代化、国际化创新型城市，到2035年，建成具有全球影响力的创新创业创意之都，成为我国建设社会主义现代化强国的城市范例，到21世纪中叶，以更加昂扬的姿态屹立于世界先进城市之林，成为竞争力、创新力、影响力卓著的全球标杆城市。

因此，深圳市秉承率先建设中国特色社会主义先行示范区、高质量发展、高品质生活的“一先两高”的城市发展战略定位，亟需深圳市对标全球最高标准，力争通过深化与创新改革，率先创建中国特色社会主义先行示范区和社会主义现代化强国的城市范例；建设竞争力、影响力卓著的创新引领型全球城市，成为卓越的国家经济特区和粤港澳大湾区核心城市，实现社会经济的高质量发展；成为全球海洋中心城市与绿色发展样板区，建设国家可持续发展议程创新示范区，在城市发展过程中为居民提供高品质生活。

深圳市未来城市发展定位对深圳市水务创新发展也提出了更高的要求：更高标准的水量水质保障；更加可靠的灾害防治能力；更加清洁的水体环境

质量;更加优美的亲水生态景观;更加丰富的涉水文化内涵;更加高效的水务管理能力;更加活跃的绿色经济实力。

4.2　相关规划

4.2.1　《深圳市水务发展“十四五”规划》

(1) 发展目标

构建水源保障充足安全、供水服务均衡优质、节水典范城市基本建成、水资源利用效率跻身国际先进行列、水灾害防御坚实稳固、河湖水体长制久清、水文化繁荣、水经济活跃、行业监管智慧一体的全周期全要素治水体系,广泛形成绿色亲水生产生活方式,基本实现水务治理体系和治理能力现代化,推动深圳率先打造人与自然和谐共生的美丽中国典范,成为践行习近平生态文明思想的最佳样板。

规划中确定的2025年相关发展指标:

城市供水储备能力:90天。

再生水利用率:80%。

万元GDP用水量:≤6 m^3。

供水管网漏损率:≤7%。

自来水直饮覆盖区:全市。

城市防洪能力:达到200年一遇。

城市防潮能力:达到200年一遇。

城市内涝防治能力:达到50年一遇。

地表水达到或好于Ⅲ类水体比例:80%。

城市生活污水集中收集率:85%。

河湖生态岸线比例:65%。

城市水面率:>4.7%。

海绵城市建设面积占比:60%。

河湖岸线有效管控比例:100%。

水务资产数字化率：100％。

（2）标准建设相关内容

①水源标准管理精准调度。全面落实市管水库标准化管理体系和运行管理机制。搭建水源统一调度平台，探索将区块链技术应用于水资源管理，提升精细化管理水平。

②提升用户水质与服务水平。深度融合人工智能、大数据、物联网，建立供水智能物联网与在线监测大数据平台，强化漏失控制、优化运行、事故预警等核心关键技术应用，构建以智慧水厂和智慧管网为核心的精细化管理系统。

③建设绿色韧性的污水处理设施。探索水务基础设施都市化路径，推进新改建水质净化厂集公园绿地、科普教育、工业旅游、资源回用等复合功能于一体的开发。探索水质净化厂旱雨季分质排水，制定雨水快速处理设施出水标准。

④推进污泥无害化资源化处理处置。持续推进污泥深度脱水、源头减量，推广污泥资源化、能源化。高标准、高质量建设深汕污泥处理处置设施，推行污泥处置设施景观化提升，化邻避为邻利。

⑤构建全周期排污监管体系。统筹排海水质净化厂的出水水质和沿海排口的监管，公开工业区排水信息，评估认定污染物，不能被水质净化厂有效处理或影响水质净化厂出水稳定达标的，要限期退出，不予发排污许可证。

⑥建设立体排涝系统。通过高水高排、低水抽排、雨洪滞蓄等工程措施，进一步推进深层排水研究，建成城市立体排涝体系，力争将全市内涝防治能力逐步提升至50年一遇，重点区域内涝防治能力达100年一遇。

⑦推进雨洪本地化管控。系统开展污染雨水研究、制定治理规划，出台污染雨水治理技术指引和标准规范。

⑧提升雨水管网排水能力。对于城市新建管渠，非城市中心区暴雨重现期采用3年一遇，中心城区采用5年一遇，特别重要地区采用10年一遇标准设计雨水管道，对于不满足设计标准的现状管渠，结合城市更新、地区改建、涝区治理、道路建设等工程进行逐步改造。

⑨完成新一轮水库除险加固。聚焦“确保全市177座登记在册的水库不垮坝、不溃坝”的根本目标，高标准、高质量地完成新一轮水库安全鉴定和除

险加固工作。

⑩实施河道防洪提标。结合碧道建设，协同东莞、惠州推进跨界河流整治，推进茅洲河、深圳河、观澜河、龙岗河、坪山河、赤石河六大流域干流行洪能力提升至200年一遇。

⑪加强应对极端天气研究。推进超标准洪潮应急预案的研究和编制，提升城市应对极端天气灾害的韧性能力和弹性防御能力。

⑫高标准建设海堤。积极应对极端天气挑战，研究和推进生态化海堤与重要河口闸泵建设，构筑抵御风暴潮灾害的第一道防线。

⑬优化河湖空间形态。推进滨水空间治理，加强沿岸景观风貌的改善提升，引导城市空间和功能布局的优化，打造滨水活力经济带。

⑭实施水务设施景观化改造。对有条件的厂站设施进行入地改造，将释放出来的地面空间打造为公共空间与市民共享；融合水务设施规划与景观设计，通过立面改造设计、色彩设计、绿色景观打造等手段实现水务基础设施的绿化、美化和软化。

⑮因地制宜开展河流生态修复。针对具有较强景观游憩需求的建成区河流，重点推进硬化河渠的生态化改造，适当恢复河道两岸水生植物带与沉水植物，提升水体自净能力

⑯实施水库生态修复。通过水源涵养林建设、库区林相改造、退果(耕)还林、库区消涨带修复、崩岗生态修复、裸露边坡迹地生态修复、水库岸线生态栖息空间营造等方式，全面治理流域内水土流失，构建水库区生态景观屏障。

⑰构建河湖健康监测评价体系。推进建立8个主要河流重要水生态监测断面，16个重要水库水生态监测断面。探索结合遥感技术、GIS平台等，建立流域健康监测评价体系，定期评估流域水面率、植被覆盖率、硬质地表率、景观连通性等。结合智慧水务平台建设，逐步建立和传统水环境监测数据相匹配的水生态大数据库，跟踪深圳市水生态恢复情况，形成水质—生物多样性—生境质量—岸线状况—流域健康等多维度河湖健康监测评估体系。

⑱提升水务设施管养能力。摸清水务资产“家底”，按照“专业化、一体化、规范化、精细化”的管养要求，提高水务资产的管养标准，加强人力、设备、

物资的投入强度，完善管养队伍的组织架构，强化资产管养运维的考核力度。

⑲建立科学完善的水务数据治理体系。成立数据管理组织，构建水务数据管理体系与评估标准，指导水务行业数据治理工作；整合水务数据资源，建立水务数据治理目录，建立数据管理的责任制，保障“一数一源”；全面开展水务数据归集、清洗、融合工作，分层分级分时序开展数据治理工作，打造高质量水务数据资产，为水务行业治理提供重要支撑；搭建数据服务架构，强化数据安全保障，加大水务数据资源开放共享力度，增加数据服务能力。

⑳构建实用可靠的信息化保障体系。完善水务行业信息化标准规范体系，统一全市水务信息化技术框架，保障全市智慧水务建设有效衔接、充分共享、业务协同、互联互通。

㉑健全法规，完善节水顶层设计。修订《深圳市节约用水条例》《深圳市再生水利用管理办法》，制定出台节水统计调查和用水统计管理制度，完善节水法规体系。制定中国特色社会主义先行示范区城市节水指标体系，完善深圳市节水载体创建评价标准及实施细则，提高地方节水标准。修订《深圳市雨水、再生水利用水质规范》，完善非常规水资源技术标准体系。

㉒加强海绵城市技术集成。加快推动海绵城市地方标准、技术指引的修订和出台，加大海绵城市科研成果转化，形成覆盖全行业的海绵城市建设深圳标准和深圳技术。

㉓建立健全水土保持监测评估体系。健全水土保持监测机构、布局水土流失监测站网；大力推进水土流失监测数字化、信息化建设，提升水土保持监测监管水平向精细化、智慧化发展，研究建立“定量预报—定性预警—趋势预测”的预警预报及风险应对体系。

4.2.2 《深圳市碧道建设总体规划(2020—2035年)》

为科学指导全市碧道规划建设工作，深圳市水务局全面对标全球最好最优，编制了《深圳市碧道建设总体规划(2020—2035年)》。在编制过程中，深入分析全市水资源、水环境、水生态现状，全面梳理全市水、岸、城关系，充分衔接上位规划和相关专业规划，提出构建“江河安澜的安全系统、蓝绿交融的生态系统、公共开放的休闲系统、缤纷荟萃的文化系统、水城融合的产业系统”策略，形成“一带两湾四脉八廊”的碧道空间结构，并对重要流域和功能组团的碧道建设提出指引。

（1）规划目标。通过优化生态、生产、生活空间格局，打造“安全的行洪通道、健康的生态廊道、秀美的休闲漫道、独特的文化驿道、绿色的产业链道”五道合一的高质量碧道。近期（2021—2022 年）完成 600 km 碧道建设任务；中期（2023—2025 年）完成 1 000 km 碧道建设任务；远期（2026—2035 年），成就全省碧道建设“深圳样板”，成为中国特色社会主义先行示范区的标志性工程。

碧道建设指标体系中提到，生态流量保障程度在 2022 年、2025 年、2035 年分别达到 85%、88%、90%（碧道所在河段主要控制断面的实测径流量满足生态流量要求的月数占评价总月数的比例）。

（2）规划空间布局。规划以深圳“山-水-城-海”的空间格局和河流、湖库、海岸的整体骨架体系为基础，构筑“道道相通，万物相连”的千里碧道体系，打造“一带二湾四脉八廊”的空间结构。“一带”为“一片湖库串珠的带”：以百余个湖库为核心，在保证水库安全基础上逐步开放湖库资源，打造串珠式游憩组团带。“二湾”为“二条连通东西的湾”：珠江口海岸线—深圳湾—深圳河组成的西海湾、大鹏湾—大亚湾组成的东海湾。在保证海岸安全的基础上，打造三生共融的日常都市休闲西海湾和周末郊野游憩东海湾。“四脉”为“四组穿城连山的脉”：围绕茅洲河、观澜河、龙岗河、坪山河干支流，打造北部“以脉串支”“水产城”共治的四组碧道脉。“八廊”为“八段通山达海的廊”：依托大沙河、福田河、布吉河、沙湾河等 8 条河道，在保证河流行洪安全的基础上，增加水体生态活力、保证生态廊道宽度，打造南部 8 条通山达海的生态廊道、休憩廊道。其中，“二湾”中的深圳河干流以及“四脉”中的茅洲河、观澜河、龙岗河、坪山河干流正在开展碧道建设前期工作。

（3）标准建设相关内容。建立碧道建设办公室，制定碧道建设相关配套政策、技术标准，协调碧道建设涉及的重大事项。开展专题研究工作，编制相关指南、指引、导则等文件，制定一系列规程规范和相关技术标准。

4.2.3 《深圳市防洪（潮）排涝规划（2021—2035）》

该规划结合深圳市近二十年来发生的变化以及上一轮防洪（潮）规划实

施情况和存在问题，科学研判城市发展面临的新形势，高度契合粤港澳大湾区以及中国特色社会主义先行示范区建设等战略目标，全面对标全球最高最好最优，系统梳理全市防洪(潮)排涝工程体系，提出未来十五年深圳市防洪(潮)排涝总体思路、规划目标。根据深圳市地形条件和水系、洪涝灾害分布情况，全市划分为深圳河流域、茅洲河流域、观澜河流域、龙岗河流域、坪山河流域、深圳湾水系、珠江口水系、大鹏湾水系、大亚湾水系、赤石河流域(位于深汕特别合作区)共 10 个流域水系。

(1) 现状防洪(潮)体系。茅洲河流域干流防洪按 100 年一遇、支流防洪按 20～50 年一遇标准建设；深圳河流域干流防洪按 50 年一遇、支流防洪按 20～100 年一遇标准建设；观澜河流域干流防洪按 100 年一遇、支流防洪按 20～50 年一遇标准建设；龙岗河流域干流防洪按 100 年一遇、支流防洪按 20～50 年一遇标准建设；坪山河流域干流防洪按 100 年一遇、支流防洪按 20～50 年一遇标准建设；深圳湾水系大沙河上游段防洪按 100 年一遇、中下游段防洪按 200 年一遇，新洲河防洪按 100 年一遇，其他河流防洪按 20～50 年一遇标准建设；珠江口水系防洪按 50～100 年一遇标准建设；大鹏湾水系防洪按 20～50 年一遇标准建设；大亚湾水系防洪按 20～50 年一遇标准建设；西部海堤防潮能力基本达到了 100 年一遇，东部海堤防潮能力基本达到了 50 年一遇。

(2) 规划防洪标准。根据深圳市的总体定位、人口及经济情况，确定到 2035 年深圳河、茅洲河流域城市防洪标准为 200 年一遇以上，观澜河、龙岗河、坪山河、赤石河流域城市防洪标准为 200 年一遇。

(3) 规划内涝防治标准。依据全市国土空间规划，到 2035 年，深圳市全市常住人口为 1 800 万人，属超大城市。结合《深圳市排水(雨水)防涝综合规划》和《深圳市内涝防治完善规划(送审稿)》，确定深圳市城市内涝防治设计重现期为 100 年一遇。

(4) 规划防潮标准。综合分析自然、经济、社会、环境等因素，通过调研国内外先进城市经验，确定大鹏湾、大亚湾水系、赤石河流域防潮标准为 200 年一遇高潮位加 12 级台风，深圳湾水系、珠江口水系防潮标准为 1 000 年一遇高潮位加 16 级台风。

4.2.4 《深圳市城市供水水源规划(2020—2035)》

本规划是指导深圳市水资源可持续利用及水源工程布局的纲领性文件。根据深圳市城市建设发展的需要和境外引水工程供水水量情况，以及城市供水水源工程和原水输配系统的发展现状，在现有城市供水水源系统的基础上，进一步完善蓄、调、输、配供水系统，构建本地产水、东江、西江、再生水四水源供水保障体系，形成“两江并举、双源互通、量质兼备、应急有力”的供水系统格局。

相关规划指标：

确保城市供水满足 97%保证率的要求。

应急备用水源满足 90 天供水安全保障。

供水管网漏失率 7%。

非常规水资源利用率 20%。

东西水源连通成环。

供水水厂实现双水源（确保水厂实现双重互备水源）、双安全（确保供水量充足、供水水质达标）。

4.2.5 《深圳市节约用水规划(2021—2035)》

为了增强对城市节水工作的前瞻性指导，在现有城市节水工作的基础上，该规划根据新的形势要求开展新一轮节约用水规划编制，提出新的规划目标，明确未来全市节水工作的方向和重点。

（1）现状节水指标

①万元 GDP 用水量。2018 年，深圳市万元 GDP 用水量为 8.25 m^3，处于全国大中城市领先水平(除香港，为 4.09 m^3/万元)，与国际先进水平相比还有一定的差距(2018 年，东京 2.15 m^3/万元，纽约 1.95 m^3/万元，新加坡 2.65 m^3/万元)。

②人均用水量。2018 年，深圳市人均用水标准为 252 L/d，优于香港的 371 L/d，处于国际先进水平（2018 年，东京 300 L/d，纽约 453 L/d，新加坡 319 L/d）。

③城镇供水管网漏失率。2018 年，深圳市城市供水管网损失率为

10.66%，明显高于国外其他城市（新加坡5%、东京3.2%）。

④再生水利用率。2018年，深圳市再生水利用率为69%，明显高于其他城市（纽约40%、北京27%）。

⑤居民人均生活用水量。2018年，深圳市居民人均生活用水量为139 L/d，和先进水平相当（2018年，新加坡143 L/d，香港204 L/d、上海120 L/d、北京114 L/d）。

⑥万元工业增加值用水量。2018年，深圳市万元工业增加值用水量为4.69 m^3，和香港（3.58 m^3）同处于国内领先水平（上海40 m^3，北京7.48 m^3），接近新加坡同年2.44 m^3 的国际先进水平。

⑦万元第三产业增加值用水量。2018年，深圳市万元第三产业增加值用水量为3.68 m^3，与国内外先进水平比较还有差距（2018年，新加坡1.18 m^3，香港1.71 m^3、上海4.92 m^3、北京2.44 m^3）。

（2）规划节水指标

规划提出的近远期节水指标情况见表4-1。

表4-1 深圳市节约用水规划指标

指标	目标		国内外对比
	2025年	2035年	
万元GDP用水量（m^3）	≤6	≤4	2018年（m^3）：北京12.96；青岛7.78；广州28.17；香港4.09；新加坡2.65；纽约1.95
居民人均生活用水量（L/d）	≤200±10	≤200±10	2018年（L/d）：北京114；青岛94；广州193；香港204；新加坡143；纽约376
供水管网漏失率（%）	≤7	≤5	2018年：北京10.9%；新加坡5%；东京3.2%
万元工业增加值用水量（m^3）	≤4.5	≤3	2018年（m^3）：北京7.5；青岛5.1；广州24.4；香港3.58；新加坡2.44
人均第三产业用水量（L/d）	较2019年下降10%以上	接近中国香港、新加坡水平	2018年（L/d）：北京76；青岛29；广州133；香港144；新加坡98
再生水利用率（%）	≥80	≥95	2018年：北京27%；天津36%；纽约40%
非常规水源替代自来水比例（%）	≥5%	≥10%	2018年：北京3.7%；天津3.6%；新加坡65%

（3）标准建设相关内容

①健全节水法规制度。加快修订《深圳市节约用水条例》，充分体现国家“节水优先”方针与综合节水要求。修订《深圳经济特区城市供水用水条例》，明确提出对供水企业抄表大户的要求。制定再生水等非常规水资源利用配套规划，修订《深圳市再生水利用管理办法》，进一步明确市、区职责，逐步建立规划、设计、建设、管理、运行、使用、收费、监督、奖励、处罚等过程中的法规体系，同时从水质标准、设计、施工、运营、使用、监管等各环节入手，逐步构建完善的再生水利用风险管控体系，提供安全、可靠的再生水。出台重大规划水资源论证管理办法。完善《深圳市节水奖励办法》，制定节水先进个人、家庭、团体及工、商业企业节水奖惩条例，明确奖惩考核指标，形成切实提高用水效率的良性循环制度体系。完善《深圳市节水创新奖励办法》，制定节水科技创新指标，鼓励节水相关专利研发，促进专利推广及应用。研究制定深圳市重点用水企业水效领跑者引领行动实施细则，规范和指导用水企业申报水效领跑者。

制定出台节水统计调查和用水统计管理制度，确立用水统计指标体系，规范统计标准方法。建立节水评价、合同节水等节水制度，规范全社会用水行为。

②建立地方节水标准体系。广泛开展居民、工业、商业服务业等各领域用水节水调查，结合全国和广东省用水定额，制定覆盖计算机、通信和其他电子设备制造业等主要行业工业产品和生活服务业、主要农作物的《深圳市用水定额》。按照先行示范区的要求，对标国际先进水平，开展中国特色社会主义先行示范区节水型城市建设标准。制定市级节水型企业、节水型商业服务业、节水型公共机构评价标准，以及合同节水标准。逐步在高耗水行业和重点用水产品中推行地方性节水标准，建立节水标准实施跟踪、评估和监督机制。加快城市生活、工业、农业等各行业领域节水标准制修订，逐步完善非常规水资源的技术标准体系。

推进节水产品认证与市场准入。加大节水产品认证的管理与采信力度，扩大政府采购清单中节水产品的类别。加强节水产品标识管理，对节水产品实行市场准入制度。

③强化用水过程管理。积极开展规划和建设项目节水评价。按照水利部、广东省水利厅的工作部署安排，开展规划和建设项目节水评价工作，学习有关技术要求，进一步明确在规划编制、项目建议书、可行性研究、水资源论证和取水许可等方面开展节水评价的具体要求。结合深圳市实情，全面推行规划(与取用水相关的水务规划及需开展水资源论证的相关规划)和建设项目(与取用水相关的水利工程项目及需办理取水许可的非水利建设项目)节水评价工作，建立健全科学合理的节水评价标准，严格审查审批，形成分类施策、符合实际、公正高效的评价机制，提高用水效率。进一步完善项目用水节水评估后续监管工作。

强化取用水计量与统计管理。建立健全计划用水和节水统计制度，完善节水统计标准和办法，加强节水统计工作，加强年度取用水总结、节水评估等工作。加快实施水资源监控能力建设，建立重要取水户监控体系，制定水资源监测、用水计量与统计等管理办法，全面提高水量水质监测能力。

4.3 其他相关文件

4.3.1 《深圳水战略2035》

(1) 水战略发展定位

与深圳市建设中国特色社会主义先行示范区、打造高质量发展高地和引领高品质生活的“一先两高”的城市发展定位相匹配，依托粤港澳大湾区建设的契机，将深圳市打造成为全国治水提质与水生态修复的样板城市、海绵城市建设先行区、绿色经济与活跃水文化示范区、城市水务智慧管理典范区、国际水务科技创新及产业中心，努力将其建设成为社会主义现代化强国的可持续发展先锋和全球水务标杆城市。

(2) 水战略发展目标

以新时代人民美好生活的高品质水需求为基本出发点，建设宜饮、宜用、宜乐的城市水系统，实现充足的水资源、稳固的水安全、洁净的水环境、优美的水生态、活跃的水文化、绿色的水经济，打造水岸生态与经济相融合的秀美碧道，创建宜居、宜业、宜游的美丽新深圳。

具体而言，深圳水战略发展“4 四Ⅳ”的总目标，即四个百分百：水资源供水保障率“百”分百满足、河流水质“百”分百达标、污水“百”分百处理并回用，直饮水全城“百”分百覆盖；四水源：城市水资源供给全面进入四水源时代；Ⅳ类水：城市河流水质进入优于Ⅳ类水的时代。

4.3.2　深圳市生态美丽河湖建设总体方案

按照建设深圳中国特色社会主义先行示范区的要求，从重视防洪、治污的传统水利向统筹多种生态要素、追求健康生态、营造优美水环境的更高目标迈进。

2020 年，全市全面消除劣Ⅴ类水体，五大河流考核断面稳定达到地表水Ⅴ类及以上，开展都市型、城镇型、郊野型生态美丽河湖示范建设。

到 2022 年，全市河流水质稳定达地表水Ⅴ类及以上，生态岸线比例达到 50%，河道生态基流保障率≥60%，河湖生境得到初步改善，生物多样性指数≥2.0；全面铺开生态美丽河湖建设，全市生态美丽河湖达标率达到 30%。

到 2025 年，全市河流水质稳定达地表水Ⅳ类及以上，生态岸线比例达到 65%，河道生态基流保障率≥70%，河湖生境质量良好，生物多样性指数≥3.0；全市生态美丽河湖达标率达到 60%。

到 2035 年，全面实现生态美丽河湖新格局，成为全国生态美丽河湖典范。

4.3.3　《深圳市智慧水务总体方案》

《深圳市智慧水务总体方案》提出，到 2035 年，基本实现以大数据平台为依托的智慧水务总体建设目标，以水务智慧化驱动水务现代化，对涉水事务统一管理，实现水务全域化感知和大数据管理，实现水务各类业务的高度协同与融合。

(1) 一图全感知。建成由点（水源地、取用水户、入河排污口等）、线（河流、水功能区、供排水管网等）、面（行政区、水资源分区和地下水分区等）组成的一张图，建成全面感知水安全、水资源、水环境、水生态的感知网络体系，更好地以信息化手段感知水务基础信息及水情、水质、工情、灾情、水生态信息。

(2) 一键知全局。建成基于大数据、信息共享和人工智能的监管和决策辅助体系，一键即可获取"水安全、水资源、水环境、水生态、水文化和水事务"六水一体信息服务，并且提供可视化的城市内涝预警、水资源优化调度、水环境质量预测、生态空间适宜度评估等决策支持服务。

(3) 一站全监控。建成现地站、管控指挥分中心、管控指挥中心组成的分级管控指挥平台，实现对防洪、排水、源水、供水、生态河湖等系统的受控对象远程监视、控制及优化调度。

(4) 一机通水务。建成智能手机移动应用系统，实现水务业务管理服务随时、随处可用，打造便捷高效的城市管理和民生服务应用体系。

4.4 关键发展指标

根据深圳市水务发展相关规划和文件，总结"八水"关键发展指标，其中，水安全、水保障、水环境、水生态以定量指标为主，水管理、水文化、水景观、水经济以定性描述为主。

(1) 水安全

防洪标准：到 2035 年深圳河、茅洲河流域城市防洪标准为 200 年一遇以上，观澜河、龙岗河、坪山河、赤石河流域城市防洪标准为 200 年一遇。

内涝防治标准：到 2035 年城市内涝防治设计重现期为 100 年一遇。

规划防潮标准：到 2035 年大鹏湾、大亚湾水系、赤石河流域防潮标准为 200 年一遇高潮位加 12 级台风，深圳湾水系、珠江口水系防潮标准为 1 000 年一遇高潮位加 16 级台风。

管网设计标准：到 2035 年设计重现期为一般地区不低于 3 年一遇，重要地区不低于 5 年一遇，特别重要的地区不低于 10 年一遇。

(2) 水保障

城市供水保证率：满足 97%的要求。

应急备用水源能力：满足 90 天供水安全保障。

供水管网漏失率：≤5%。

万元 GDP 用水量：≤4 m^3。

万元工业增加值用水量：≤3 m^3。

再生水回用率：≥99.9%。

非常规水供水占比：≥25%。

饮用水源地水质：地表水准Ⅱ类。

直饮水覆盖率：100%。

（3）水环境

河流水质：稳定达地表水Ⅳ类及以上。

城市污水处理率：≥99.9%。

污水处理排放标准：地表水准Ⅳ类。

污泥无害化处置率：100%。

雨水径流污染控制：TSS、TN、TP 削减率分别达到 80%、60%、60%。

（4）水生态

城市水面率：≥7%。

河湖生态岸线比例：65%（2025 年）。

海绵城市建设面积占比：≥60%（2025 年）。

（5）水管理

水务资产数字化率：100%。

建设数字孪生流域，建成水务预报、预警、预案、预演智慧管理体系。

（6）水文化

识别滨水文化设施，布局水文化展示馆，设置文化展示节点，发展水文化运动，全面激发滨水文化活力，使得全体市民和国内外来宾感受到深圳市缤纷荟萃、多元融合的文化氛围。

（7）水景观

水务设施景观化率：≥95%。

识别现状滨水休闲资源、打通断点，提供优质的滨水休闲漫道体系，改善城市环境，设置主题丰富的碧道驿站，提供市民运动、健康、休憩等设施，将滨水休闲空间建设成为人们享受美好生活的好去处。

(8) 水经济

统筹流域内的社会经济与水治理工作，充分实现“水产城”共治，以治水为先导，以治城提升城市服务功能，促进产业转型升级，促进“水产城”共治，激发流域土地与空间价值，打造滨水高质量发展的经济带。

第 5 章
深圳市水务标准体系现状

本章主要介绍了深圳市现状水务标准体系的构成，梳理了深圳市发布的地方水务标准以及深圳市水务局发布的指导性技术文件，分析了现状水务标准体系对深圳市水务部门各项职责的支撑性，为后文深圳市水务标准体系架构优化建议和水务标准制修订任务建议的提出提供依据。

5.1　深圳市现状水务标准体系构成

为深入贯彻落实中央对深圳社会主义先行示范区的定位，满足深圳市经济、社会、城市发展对水务行业标准化的需求，为水务部门依法行政、科学治水提供技术保障和支持，2019 年深圳市水务局组织开展了《深圳市水务行业标准体系》（以下简称《体系》）编制工作。列入《体系》的水务行业相关标准包括国际标准、国家标准、行业标准、地方标准、团体标准，共计 1 586 项。

《体系》的组成单元为技术标准，包括标准、规范、规程、导则、定额、指南、深圳市标准化指导性技术文件等。现状《体系》框架是由专业门类、功能序列、层次构成的三维框架结构，具体见图 5-1。

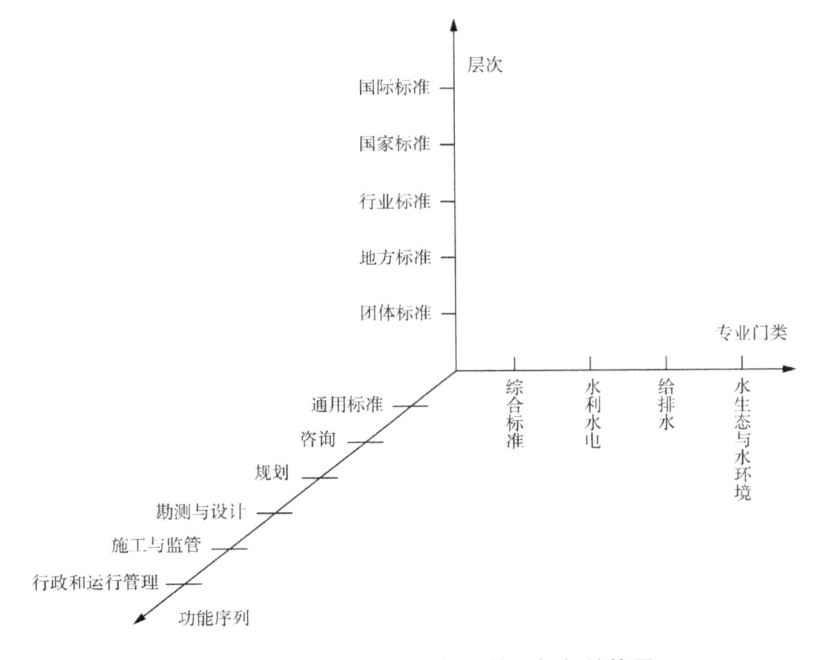

图 5-1　深圳市水务行业标准体系框架结构图

专业门类维度包含A综合标准、B水利水电、C给排水、D水生态与水环境等4个一级专业门类、16个二级专业门类，具体见图5-2。

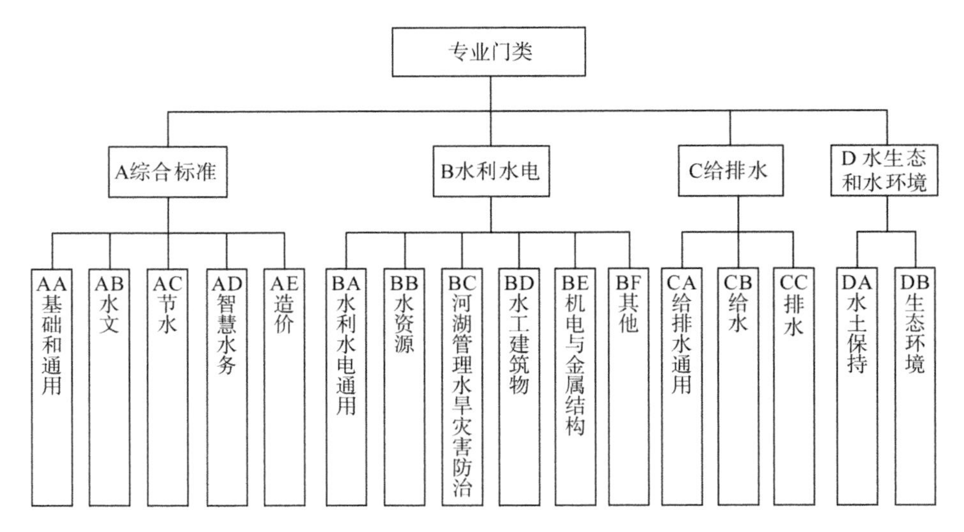

图5-2 深圳市水务标准体系专业门类图

功能序列维度包括1通用标准、2咨询、3规划、4勘测与设计、5施工与监管、6行政和运行管理等6大类14个子项，具体见图5-3。

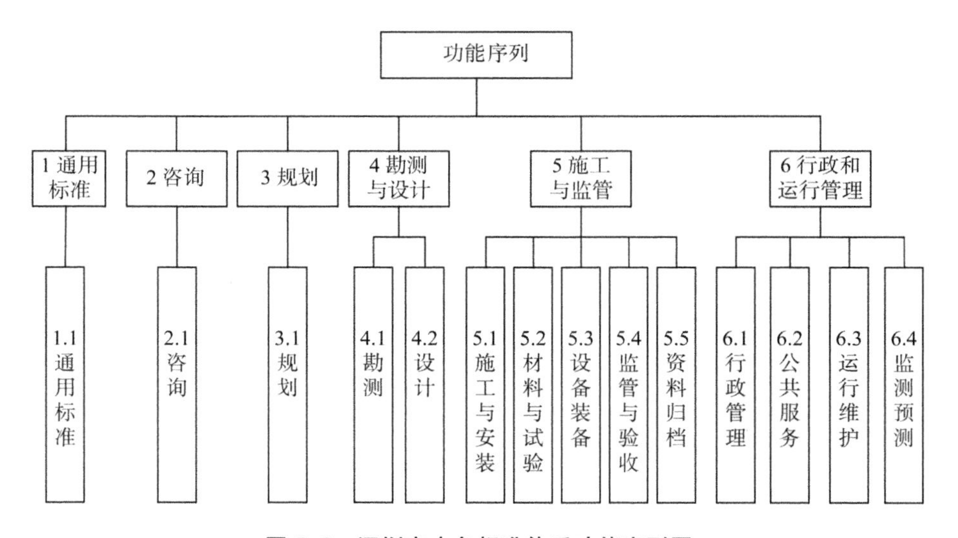

图5-3 深圳市水务标准体系功能序列图

标准层次维度包括 1 国际标准、2 国家标准、3 行业标准、4 地方标准（含广东省地方标准、深圳经济特区技术规范、深圳市标准化指导性技术文件、深圳市工程建设标准等）、5 团体标准等 5 个层次。

5.2　已发布的水务标准性文件

以下简要介绍已发布的深圳市地方水务标准和市水务局发布的指引指南等指导性技术文件。

现状《体系》完成的时间较早，只收录了部分深圳市水务地方标准；另外，许多以市水务局名义发布的、实际工作中正在使用的指引指南等指导性技术文件目前尚未收录入现状《体系》。

5.2.1　已发布的水务地方标准

目前，深圳市已发布地方水务标准 42 项（表 5-1），其中涉及河湖管理 7 项、供水 8 项、排水 6 项、节水 3 项、海绵城市 3 项、综合管理 3 项、水土保持 2 项，主要集中在供排水和河湖管理方面。其中，出台时间超过 5 年的有 15 项，占比接近 50%；出台时间超过 10 年的有 8 项。

表 5-1　深圳市已发布的 42 项地方水务标准

统计序号	标准编号	标准名称	发布日期	实施日期	标准状态
1	SZJG 3—2001	管道优质饮用水	2001/9/18	2002/1/1	现行有效
2	SZJG 32—2010	再生水、雨水利用水质规范	2010/6/17	2010/7/1	现行有效
3	SZJG 34—2011	城市污水处理厂运营质量规范	2011/1/28	2011/3/1	现行有效
4	SJG 16—2017	优质饮用水工程技术规程	2017/2/10	2017/2/10	现行有效
5	SJG 52—2018	深圳市河流水环境综合整治项目可行性研究阶段工程量统计规则	2019/4/9	2019/5/1	现行有效
6	SJG 79—2020	二次供水设施技术规程	2020/9/15	2020/11/1	现行有效
7	SJG 109—2022	建设项目海绵设施施工验收标准	2022/4/8	2022/8/1	现行有效
8	SJG 123—2022	水务工程信息模型应用统一标准	2022/11/9	2022/12/26	现行有效
9	SZDB/Z 2—2005	水务工程名称代码	2005/12/30	2006/3/1	现行有效
10	SZDB/Z 24—2009	河道维修养护技术规程	2009/11/4	2010/1/1	现行有效
11	SZDB/Z 25—2009	排水管网维护管理质量标准	2009/11/27	2010/1/1	现行有效
12	SZDB/Z 27—2010	建设项目用水节水评估报告编制规范	2010/5/6	2010/6/1	现行有效

续表

统计序号	标准编号	标准名称	发布日期	实施日期	标准状态
13	SZDB/Z 28—2010	深圳市水务发展专项资金项目申报编制规范	2010/5/6	2010/6/1	现行有效
14	SZDB/Z 31—2010	边坡生态防护技术指南	2010/8/26	2010/9/1	现行有效
15	SZDB/Z 34—2011	单位用户水量平衡测试技术指南	2011/3/9	2011/4/1	现行有效
16	SZDB/Z 37—2011	水务工程文件归档要求	2011/4/29	2011/5/10	现行有效
17	SZDB/Z 64—2012	城市供水服务水压技术规范	2012/8/30	2012/10/1	现行有效
18	SZDB/Z 115—2014	市政供水水质检查技术规范	2014/10/17	2014/11/1	现行有效
19	SZDB/Z 145—2015	低影响开发雨水综合利用技术规范	2015/7/31	2015/9/1	现行有效
20	SZDB/Z 155—2015	河道管养技术标准	2015/10/27	2015/12/1	现行有效
21	SZDB/Z 216—2016	河道标识牌设置指引	2016/12/28	2017/2/1	现行有效
22	SZDB/Z 236—2017	河湖污泥处理厂产出物处置技术规范	2017/3/19	2017/4/1	现行有效
23	SZDB/Z 239—2017	低压排污、排水用高性能硬聚氯乙烯管材	2017/4/18	2017/5/1	现行有效
24	SZDB/Z 327—2018	排水检查井及雨水口技术规范	2018/10/22	2018/11/1	现行有效
25	SZDB/Z 328—2018	河湖污泥处理厂运行管理与监测技术规范	2018/11/1	2018/12/1	现行有效
26	SZDB/Z 330—2018	室外排水设施数据采集与建库规范	2018/11/6	2018/12/1	现行有效
27	DB4403/T 24—2019	海绵城市设计图集	2019/7/12	2019/8/1	现行有效
28	DB4403/T 25—2019	海绵城市建设项目施工、运行维护技术规程	2019/7/12	2019/8/1	现行有效
29	DB4403/T 34—2019	深圳市生产建设项目水土保持技术规范	2019/12/25	2020/2/1	现行有效
30	DB4403/T 60—2020	生活饮用水水质标准	2020/4/21	2020/5/1	现行有效
31	DB4403/T 61—2020	供水行业服务规范	2020/4/21	2020/5/1	现行有效
32	DB4403/T 64—2020	水质净化厂出水水质规范	2020/5/6	2020/6/1	现行有效
33	DB4403/T 85—2020	城市供水厂工程技术规程	2020/9/27	2020/10/1	现行有效
34	DB4403/T 118—2020	涉河建设项目防洪评价和管理技术规范	2020/11/11	2020/12/1	现行有效
35	DB4403/T 186—2021	水工程(引、蓄水)管护范围内涉水建设项目技术规范	2021/8/31	2021/10/1	现行有效
36	DB4403/T 200—2021	用户安全用水指南	2021/11/16	2021/12/1	现行有效
37	DB4403/T 204—2021	生活饮用水水质风险控制规程	2021/12/13	2022/1/1	现行有效
38	DB4403/T 205—2021	城市供水厂运行管理技术规程	2021/12/13	2022/1/1	现行有效
39	DB4403/T 224—2021	公共饮用水管网运行管理规程	2021/12/30	2022/2/1	现行有效
40	DB4403/T 267—2022	自来水厂安全风险分级管控工作指南	2022/11/2	2022/12/1	现行有效
41	DB4403/T 347—2023	水库管养规范	2023/7/3	2023/8/1	现行有效
42	DB4403/T 386—2023	水务工程(设施)标识设置通用规范	2023/11/15	2023/12/1	现行有效

5.2.2　市水务局发布的指导性技术文件

除了深圳市地方水务标准，许多以市水务局名义发布的指导性技术文件对规范和指导水务工作也起到了较大的支撑作用，是制定发布水务地方标准的基础。按照各处室单位涉及的业务职责将这些指导性文件总结如下。

1. 水资源和供水保障处

指导性文件主要涉及水库标准化管理创建、水源工程管理、供水厂网管理等方面，在城市水源地安全保障、用水统计等方面指导性文件较少。

（1）深圳市水库管养规范

（2）深圳市水库标识导视系统指引

（3）深圳市水库管养消耗量标准（试行）

（4）深圳市市管水库标识导视系统建设指引（试行）

（5）深圳市市管水库形象外观建设指引（试行）

（6）深圳市市管水库标准化管理手册编制指南（试行）

（7）深圳市市管水库标准化管理实施方案编制指南（试行）

（8）深圳市市管水库标准化管理信息化平台建设指引

（9）水工程（涉引水、蓄水工程类）范围内工程建设涉水技术规范

（10）深圳市取水许可审批工作指引（深圳市水务局 2020 年）

（11）深圳市水利工程管理和保护范围内新建、扩建、改建的工程建设行政许可审批指引（深圳市水务局 2019 年）

（12）深圳市优质饮用水入户工程建设指引（2018 年修订）

（13）用户安全用水指导导则（深圳市水务局 2020 年）

（14）深圳市市管水库标准化管理“两册一表”编制指引（试行）

（15）深圳市水库监管及运管平台建设导则

（16）深圳市水源工程（水库、引调水工程）管理范围和保护范围（深圳市水务局 2020 年）

（17）深圳市水务工程管理设施设置标准（试行）（深圳市水务局 2019 年）

（18）生活饮用水水厂运行管理技术规程（深圳市水务局 2019 年）

（19）公共饮用水管网运行管理规程（深圳市水务局 2019 年）

2. 水土保持处

指导性文件主要涉及建设项目水土保持方案编制、审批，水土保持初设等方面，在建设项目水土流失定量监测、预报，水源地涵养林建设等方面缺少指导性文件。

(1) 深圳市生产建设项目水土保持方案备案指引(试行)(2018年)

(2) 深圳市生产建设项目水土保持方案编制指南(试行)(2019年)

(3) 深圳市生产建设项目水土保持专业初步设计与施工图设计指引(试行)(2020年)

(4) 深圳市生产建设项目水土保持方案专家技术审查评分表(试行)(2020年)

(5) 深圳市边坡工程治理与生态景观提升工作指引(2020年市规划和自然资源局)

(6) 深圳市边坡治理及其生态景观提升技术指引(2020年市规划和自然资源局)

(7) 深圳市生产建设项目水土保持方案审批指引(建议稿)(2017年)

(8) 深圳市生产建设项目免予办理水土保持方案审批指引(2017年)

(9) 深圳市水土保持区域评估实施细则(2018年)

3. 市节约用水办公室

指导性文件主要涉及海绵城市建设。

(1) 深圳市海绵城市建设专项规划及实施方案(优化)(2019年)(其中制定了各类海绵城市建设规划设计要点)

(2) 深圳市海绵城市规划要点和审查细则(2019年修订)

(3) 深圳市海绵城市建设水务实施规划与指引(2017年)

(4) 深圳市海绵城市建设本底调查细则(2018年)

(5) 深圳市房屋建筑工程海绵设施设计规程(2017年)

(6) 深圳市房屋建筑工程海绵设施施工图设计文件审查要点(2017年)

(7) 深圳市城市规划低冲击开发技术指引

(8) 深圳市水务类海绵城市施工图设计审查要点(2018年)

(9) 深圳市水务工程项目海绵城市建设技术指引(2018年)

（10）深圳市海绵型公园绿地建设指引

（11）深圳市海绵型道路建设技术指引（2017年）

（12）深圳市建设项目海绵设施验收工作要点及技术指引（2019年）

（13）深圳市建设项目海绵设施验收技术规程（2020年）

（14）深圳市海绵城市建设资金奖励申报指南（2019年）

4. 市水文水质中心

指导性文件主要涉及水文站设计、水文数据共享等方面，在城市水文监测、水文应急监测、水文资料管理、水文站运行管理等方面缺少指导性文件。

（1）深圳市水文遥测站设计标准（2020年）

（2）深圳市水文数据和水务视频数据共享标准（2016年）

5. 水旱灾害防御处

指导性文件主要涉及水旱灾害防御工作，在流域防洪调度方案编制、立体防洪排涝体系构建、水毁工程认定等方面缺少指导性文件。

（1）深圳市水务局水旱灾害防御工作规则（试行）（深水防〔2020〕23号）

（2）水务行业台风暴雨灾害事故防御工作指引手册（试行）（深水防〔2019〕688号）

（3）深圳市防御强降雨工作指引（深防办〔2020〕26号）

（4）深圳市防御台风工作指引

（5）深圳市水务局流域调度水文数据收集指引

（6）深圳市水务局水务抢险救灾工程认定办法（试行）（2019年）

6. 市排水管理处

指导性文件主要涉及雨污分流、正本清源工作等方面，在排水管网管材选取、建设、验收、病险检测等方面指导性文件较少。

（1）深圳市排水管网正本清源工程质量评估检查工作要点

（2）深圳市正本清源行动技术指南（试行）

（3）深圳市建设项目排水施工方案审批技术指引（试行）

（4）深圳市非工业排水预处理设施设置指引（试行）（2020年）

（5）深圳市雨污分流管网和正本清源验收移交及运维工作指引（试行）

（6）深圳市水务局排水行政许可技术审查指引（2016年）

（7）深圳市排水暗涵安全检测与评估暂行指南（2020 年）

7. 水污染治理处

指导性文件主要涉及黑臭水体防治、面源污染治理、污水处理提质增效等方面。

（1）深圳市小微黑臭水体防治技术指南（试行）

（2）深圳市 2019 年全面消除黑臭水体技术指引

（3）深圳市暗涵水环境整治技术指南

（4）深圳市面源污染整治管控技术路线及技术指南（试行）

（5）深圳市污染雨水防治技术指南（试行）

（6）深圳市城中村治污技术指引（2018 年）

（7）深圳市污水管网建设通用技术要求（2017 年）

（8）建筑小区排水管渠维护管理质量标准（试行）

（9）深圳市市政排水管道电视及声呐检测评估技术规程（试行）

（10）排水管网动态在线监测技术规程

（11）深圳市正本清源工作技术指南（试行）（2019 年修编）

（12）深圳市雨污分流管网和正本清源工程验收移交及运维工作指引（试行）（2019 年）

（13）正本清源雨污分流全覆盖分析一图一表编制指引（试行）

（14）深圳市排水系统雨（清）污混接调查技术导则（试行）（2020 年）

（15）深圳市排水管网正本清源工程质量评估检查工作要点（试行）（2019 年）

（16）深圳市排水管网正本清源工程质量评价标准（项目级）（试行）（2019 年）

（17）深圳市排水管网正本清源工程台账工作要点（试行）（2019 年）

（18）雨污分流率定义及计算公式（2020 年）

（19）深圳市排水达标单位（小区）验收标准

（20）宝安区雨污分流管网和正本清源工程排水达标小区认定流程（征求意见稿）（2020 年）

（21）深圳市污水处理提质增效“一厂一策”系统化整治方案编制技术指

南(试行)(2020年)

8. 河湖工作处

指导性文件主要涉及碧道设计、河道水环境治理、生态美丽河湖评价等方面,在碧道建设、运维管理,河道综合整治,河道管理范围线划定,生态海堤,河湖生态流量等方面缺少指导性文件。

(1) 深圳市生态美丽河湖评价指标体系及评价指引(2020年)

(2) 深圳市河湖生态修复设计导则

(3) 深圳市入河雨水口规范化管理工作指引(2020年)

(4) 深圳市河道水环境治理污染底泥清淤工程设计与施工技术指引

(5) 深圳市碧道试点建设阶段规划设计指引(2019年)

(6) 深圳市碧道标识系统设计指引(2020年)

(7) 深圳市碧道建设验收管理办法(试行)(2020年)

(8) 深圳市碧道建设验收评价标准(试行)(2020年)

(9) 深圳市碧道方案设计编报及评价指引(2020年编制中)

(10) 深圳市四河一湖(茅洲河观澜河龙岗河坪山河光明湖)碧道生态调查与生物多样性保护提升指引(正在编制)

(11) 深圳市河长制湖长制工作述职机制(2020年)

9. 规划计划处

指导性文件主要涉及水务发展专项资金项目申报、入库管理等方面。

(1) 深圳市水务发展专项资金管理办法

(2) 深圳市水务发展专项资金项目概算编制审查指引(试行)

(3) 深圳市水务发展专项资金项目申报编制规范

(4) 深圳市水务发展专项资金项目入库审查工作指引

(5) 深圳市水务发展专项资金项目预算管理工作指引

10. 安全监管和执法监督处

指导性文件主要涉及水务工程质量与安全监督管理,在水务安全生产标准化建设、水务执法评价等方面缺少指导性文件。

(1) 深圳市水务工程质量与施工安全监督办法

(2) 泵站机电设备进场安装调试及工程试运行技术指引(2012年)

11. 市水务科技信息中心

指导性文件主要涉及智慧水务建设总体要求方面，在水务工程 BIM 应用、智慧水务系统具体建设方面缺少指导性文件。

(1) 深圳市水务科技创新项目申报指南(2017 年)

(2) 深圳市智慧水务一体化建设总体技术要求(试行)(2020 年)

(3) 深圳市水务信息化建设技术指引(资源整合及共享分册)(2019 年)

12. 市东部水源管理中心

深圳市水源工程(水库、引调水工程)管理范围和保护范围(深圳市水务局 2020 年)

13. 市水务工程建设管理中心

深圳市水务工程建设管理中心材料设备参考品牌库建设实施及入库评价方案(钢管、聚乙烯双壁波纹管、聚乙烯缠绕结构壁管、钢筋混凝土排水管)

14. 市铁岗石岩水库管理处

(1) 铁岗水库技术管理实施细则(2018 年)

(2) 石岩水库技术管理实施细则(2018 年)

15. 技术处

指导性文件主要涉及技术审查、设计质量评价、材料设备参考品牌库、设计变更、水务科研项目管理等方面。

(1) 深圳市水务局技术审查工作管理办法(试行)(2020 年)

(2) 深圳市水务局设计质量评价指标体系及考核评分细则

(3) 深圳市水务局材料设备参考品牌库管理办法(2019 年)

(4) 深圳市水务局水务建设工程设计变更管理办法(2019 年版)

(5) 深圳市水务局水务科研项目管理办法(2019 年)

5.3 对业务处室职责支撑情况分析

针对市水务局各主要处室单位的每项职责，梳理出现有标准体系中对应每项职责的水务标准，分析总结深圳市现状水务标准体系对各业务处室单位主要职责的支撑情况。

5.3.1　水源供水处

针对“承担水资源、水库及相关水源工程行业管理工作”职责，缺乏深圳市水源工程及设施管养定额标准（内容包括管养的技术要求、消耗量定额和综合单价定额），支撑性相对欠缺。

针对“承担原水及供水水质日常检测和管理工作”职责，在原水水质检测管理方面支撑相对不够。

针对“承担水资源和供水等相关行政许可业务并监督实施”职责，可参考的标准性文件数量较多，从法律法规到国标、行标，再到地方规范性文件均有，并制定了相关审批工作指引，基本能支撑该项职责。

针对“承担水资源费征收管理工作”职责，可以参考国家部委发布的法律法规文件、广东省发布的规范性文件，并且深圳市制定了《深圳市水资源费收取办法》，可以较好地支撑该项工作。

针对“承担供水行业及供水特许经营监管工作”职责，在供水行业监管工作方面，深圳市制定了一系列地标和规范性文件，包括供水行业服务规范，优质饮用水入户工程建设指引，二次供水设施技术规程，城市供水厂工程技术规程，生活饮用水水厂、公共饮用水管网运行管理规程等，另外有城镇、村镇供水的相关国标、行标可以参考，基本可以支撑该项工作；在供水特许经营监管方面，可以参考《基础设施和公用事业特许经营管理办法》（国家发改委2015年第25号令）、《深圳市公用事业特许经营办法》（深圳市政府2003年）、《深圳市公用事业特许经营条例》（深圳市人大常委会2005年）等法律法规，其中《深圳市公用事业特许经营条例》明确指出，供水行业可以实行特许经营，基本可以支撑该项工作。

针对“承担水资源和供水方面安全生产行业监管工作”职责，深圳市制定了较多相关规范性文件《深圳市水务行业安全生产约谈制度》（深圳市水务局2019年）、《深圳市水务局安全生产监督管理办法》（深圳市水务局2019年）、《深圳市水务局安全生产监管清单》、《疫情防控期间水源供水管理单位安全生产的防疫指引》（深圳市水务局2020年），以及《深圳市水源和供水突发事件应急预案》（深圳市水务局2016年）；另外可以参考相关法规（节水供水重大水利工程建设安全生产监督办法，水利部），饮用水源地保护、水资源保护规划、水资源监控管理、城镇供水厂及供水管网安全运行相关国标、行标，基本可以支撑该职责。

5.3.2 水保处

针对“组织编制全市水土保持规划、技术标准并监督实施”职责，深圳市已经制定了全市水土保持规划。在技术标准方面，制定了水土保持技术规范、水土保持监测技术规程、水土保持设施验收工作、水土保持专业初步设计与施工图设计指引、水土保持方案备案指引、水土保持方案编制指南、水土保持方案专家技术审查等深圳地标和规范性文件，另外有系列相关国标、行标可以参考，基本可以支撑该项职责。

针对“承担水土流失的综合防治、监测、预报并定期公告”职责，在水土流失综合防治方面，深圳市制定了边坡生态防治相关地标和规范性文件，另外有相关国标、行标可以参考，基本可以支撑该项工作。在水土流失监测方面，深圳市制定了《深圳市生产建设项目水土保持监测技术规程》，另外有相关国标、行标、水利部发布的规范性文件可以参考，基本可以支撑该项工作。但在水土流失预报方面缺少针对深圳市建设项目水土流失特点的相关技术规程，支撑性相对不够。

针对“承担水土保持相关行政许可业务并监督实施”职责，深圳经济特区水土保持条例中对水土保持相关行政许可审批做了约束，另外，深圳市制定了水土保持方案编制指南、水土保持方案技术评审管理办法、水土保持方案审批相关指引、水土保持设施验收相关规定、水土保持监督检查管理规定等地方规范性文件，还可以参考水利部、广东省发布的水土保持验收、审批、监督管理相关规范性文件，基本可以支撑该项职责。

5.3.3 市节水办

针对“会同有关部门编制节约用水规划和各类用水定额，经批准后组织实施”职责，目前深圳市已经编制了最新的节约用水规划。关于各类用水定额，可以参考的主要是相关国标、行标和广东省地标，目前没有制定深圳市的各类用水定额，相关用水定额标准相对缺乏。

针对“管理用水单位的水量平衡测试工作”职责，水量平衡测试工作可以参考国标，另外深圳市制定了水量平衡测试的地标及实施办法，基本可以支撑该项工作。

针对“审查建设项目的用水节水评估报告，组织节约用水设施的竣工验收”职责，在建设项目的用水节水评估方面，可以参考水利部发布的建设项目节水评价相关规范性文件、相关国家标准，另外深圳市制定了自身的建设项目用水节水管理办法以及建设项目用水节水评估报告编制的地标，基本可以支撑该项工作；在节约用水设施的竣工验收方面，深圳市在2009年制定了“深圳市建设项目用水节水设施竣工验收复核申请表”，没有形成指导性文件，而且出台时间较长，支撑性相对欠缺。

针对“负责污水、中水、海水和雨水等非传统水资源利用的规划、管理工作”职责，深圳市主要出台了《深圳市再生水利用管理办法》(2014年)和《再生水、雨水利用水质规范》(SZJG 32—2010)地标1项，其他可以参考的主要是再生水利用水质的相关国标，但在非传统水资源利用管理、非传统水资源利用规划编制、分质供水、非传统水资源利用安全等方面缺乏具有深圳特色的相关标准性文件，支撑性相对欠缺。

针对“负责计划用水管理工作，并对超定额、超计划用水加价收费的征收进行监督管理；拟定超计划加价费用的年度使用计划，经批准后组织实施”职责，在计划用水管理方面，可以参考水利部的《计划用水管理办法》，另外深圳市制定了自身的计划用水相关管理办法，可以较好地支撑该项工作；在超定额、超计划用水加价收费的征收监督管理方面，深圳市制定了相关监管工作指引，另外可以参考国家部委和广东省发布的相关指导意见，但是没有形成超定额、超计划用水加价收费的征收制度。另外，也没有制定超计划加价费用的使用管理办法，标准性文件的制定还存在薄弱环节。

针对“组织节水产品、器具及节水新技术的推广、应用，开展节约用水的宣传、教育和节水型城市的建设工作”职责，关于节水产品，可以参考节水产品、器具认证的相关法律法规、国标、行标、规范性文件。关于节水宣传，可以参考国家部委制定的节约用水宣传手册。关于节水型城市建设，可以参考国标、行标、团体标准相关的评价标准，国家部委、广东省发布的指导性文件，另外深圳市制定了节约用水奖励办法，基本可以支撑该项工作，但是没有针对深圳实际情况，制定节水型城市评价相关标准性文件，标准性文件制定还存在薄弱环节。

针对“海绵城市建设”职责，可以参考覆盖水务海绵城市建设的规划、设计、施工、验收、运行维护、管理、评价、相关资金管理、绩效评价等各环节的法律法规，国标、行标、地标，多项规范性文件，基本可以支撑该项工作。

5.3.4 市水文水质中心

针对“贯彻执行《中华人民共和国水文条例》《广东省水文条例》的法律法规”职责，在《中华人民共和国水文条例》（国务院 2017 年修订）、《水文监测环境和设施保护办法》（水利部 2011 年）和《广东省水文条例》（广东省人大常委会 2014 年修正）的基础上，中心制定了《深圳市水文管理办法》，拟近期实施，能够支撑该项工作。

针对“负责全市水文站网规划、建设与管理”职责，深圳市已经制定了《深圳市水文站网规划（2018 年）》《深圳市深汕特别合作区水文站网规划报告（2017—2035 年）》。关于水文站网建设有多项国标、行标、其他省市地标可以参考，基本能支撑水文站网规划、建设工作。但在管理方面，还缺乏具备深圳特色的水文站网运行、维护管理相关规范性文件。

针对“负责全市水文水资源监测、调查评价和水文情报预报、水文分析与计算工作”职责，主要参考相关国标、行标，在水资源调查评价、水文分析与计算方面缺乏地方规范性文件支撑。另外，考虑到在快速城市化进程中城市下垫面的快速变化，以及极端气候频发的影响，为提高水文情报预报、水文分析计算工作的精度，急需针对深圳市特点，制定城市水文监测相关技术文件，规范水文监测这项基础工作，为水文情报预报、水文分析计算工作提供更全面、准确的基础数据。

针对“协调重大突发水事件、水文水资源应急监测工作”职责，目前可参考的标准性文件较少，深圳市没有针对自身可能发生的各种突发水事件，制定相应的水文、水资源应急监测技术规程，支撑性相对不够。

针对“负责全市水情信息、水文资料的收集、处理、分析、汇交、发布与汇编工作”职责，目前可参考的标准性文件较少，支撑性较差，急需针对深圳市实际，制定水情信息、水文资料的收集、处理、分析、汇交、发布与汇编等水文基础资料不同处理环节的规范性文件，以指导水文基础资料的保存和利用。

针对“负责全市水文数据库的建设管理，以及水文水资源信息系统的规划、建设和管理”职责，目前可参考的符合深圳特色的标准性文件较少，支撑性相对欠缺。

针对“负责原水、城市供水（含二次供水）及污水处理厂进厂、出厂水质检测工作”职责，目前有多项国标、行标、团标可以参考，覆盖了各种水质项目的测定方法，可以较好地支撑该项工作。

5.3.5　防御处

针对“组织编制全市洪水干旱防治规划和防护标准”职责，还没有制定符合深圳市实际的防洪标准、治涝标准，支撑性相对欠缺。

针对“组织编制市管河流的防御洪水调度方案及相关应急预案并组织实施”职责，编制了流域洪水调度方案，制定了防汛预案、水旱灾害防御应急预案、极端天气灾害防御应急预案、水旱灾害防御工作规则以及河流洪水风险图等相关应急预案，并制定了水旱灾害防御督导工作方案监督水旱灾害防御工作的执行，支撑性较好。

针对“承担台风防御期间重要水工程调度工作”职责，深圳市制定了水务行业台风暴雨灾害事故防御工作指引手册、极端天气灾害防御应急预案、防台风预案、防御台风工作指引等防御方案，并制定了水工程防汛抗旱调度管理办法，基本能支撑该项职责。

针对“指导水务工程应急抢险的技术支撑工作”职责，相关国标、行标多以编制应急预案作为水务工程应急抢险的技术支撑，并且深圳市已制定了防洪、防汛、防台风相关预案，以及水务抢险工程管理办法，基本能满足工作需求。

针对“组织指导水旱灾害防御物资储备管理和工程抢险队伍建设工作”职责，深圳市制定了水务行业防汛抗旱物资储备管理暂行办法以及专业应急救援队伍管理办法，还有相关国标和行标可以参考，基本可以支撑该项工作。

针对“承担水务工程、水毁修复工程认定管理工作”职责，深圳市制定了水务抢险救灾工程认定办法、抢险救灾工程管理办法，但是缺少符合深圳市特点的水毁修复工程认定相关指导性文件，支撑性相对不够。

5.3.6 排水处

针对“负责制定全市排水监督管理方面的政策、标准及有关规范”职责，《深圳经济特区排水条例》经市第六届人民代表大会常务委员会第四十五次会议于2020年10月29日通过，2021年1月1日起施行，该条例针对深圳市排水的规划与建设、排水与监测、维护与管理都提出了明确的要求，并规定了违反条例应负的法律责任，为深圳市排水监督管理提供了法律保障。

5.3.7 治污处

针对“拟订全市污水系统建设规划，组织开展相关前期工作”职责，深圳市目前发布了《深圳市污水系统专项规划修编》(2019年)、《深圳市城中村治污技术指引》(2018年)、《深圳市涉水面源污染长效治理工作方案》(2020年)等多个关于污水系统规划以及其他多个关于污水治理的行动方案，基本能够满足拟定全市污水系统建设规划的职责。

针对“负责编制污水管网建设规划、建设标准和年度计划，配合市规划和自然资源局开展市政污水管网建设规划”职责，关于管网建设标准，制定了《低压排污、排水用高性能硬聚氯乙烯管材》(SZDB/Z 239—2017)、《排水管网维护管理质量标准》(SZDB/Z 25—2009)等地标，并制定了《深圳市污水管网建设通用技术要求》(2017年)、《深圳市排水管网维护管理质量标准(试行)》、《深圳市排水管网维护管理质量抽查考核办法(试行)》、《深圳市市政排水管道电视及声呐检测评估技术规程(试行)》等规范性文件，覆盖了管网管材选取、建设、检测等环节，另外有管道检测的广东省地标及相关国标和行标可以参考，基本可以支撑该项职责。

针对“承担全市管网建设的监督检查和绩效评估工作”职责，深圳市制定了城市污水管网建设绩效考核评价评分方案，基本可以支撑该项工作。

针对“组织开展雨污分流工作考核”职责，深圳市制定了正本清源工作技术指南、排水系统雨(清)污混接调查技术导则、雨污分流管网和正本清源验收移交及运维工作指引、排水管网正本清源工程质量评估检查工作要点、排水管网正本清源工程质量评价标准、排水达标单位(小区)验收标准、宝安区雨污分流管网和正本清源工程排水达标小区认定流程等规范性文件，基本可以支撑雨污分流工作考核。

5.3.8　河湖处

针对“承担河道管理相关行政许可业务并监督实施”职责，《深圳经济特区河道管理条例》(2018 年修订)中对河道管理做了相关规定，水利部发布了《河道管理范围内建设项目工程建设方案审查技术标准》，广东省制定了地标《河道管理范围内建设项目技术规程》(DB 44/T 1661—2015)和《河道管理范围内工程建设方案审批事项事中事后监督检查制度》，但是深圳市没有制定符合自身实际的河道管理范围内工程建设活动的审批管理办法以及事中事后监督检查制度，支撑性相对欠缺。

针对“指导、监督河道范围内水工程设施的运行维护”职责，《深圳经济特区河道管理条例》(2018 年修订)中对河道管理维护做了相关规定，但深圳市没有制定专门的河道范围内水工程设施的运行维护标准，支撑性相对不够。

针对“指导河湖生态水量管理以及河湖水系连通工作”职责，关于河湖生态水量管理，深圳市正在制定深圳市河湖生态流量(水量)确定及管控方案，并且可以参考河湖生态需水评估、计算相关行标，基本可以支撑该项工作。关于河湖水系连通，目前主要参考城市水系规划相关国标、行标，深圳市没有制定符合自身特点的河湖水系连通相关工作指引。

针对“制定河道建设和管理的规范性文件和技术标准(包括碧道建设)”职责，关于河道建设和管理，可以参考《河道管理范围内建设项目技术规程》(DB 44/T 1661—2015)、《河道管养技术标准》(SZDB/Z 155—2015)、《河道维修养护技术规程》(SZDB/Z 24—2009)、《涉河建设项目防洪评价和管理技术规范》(SZDB/Z 215—2016)、《河道标识牌设置指引》(SZDB/Z 216—2016)、《茅洲河流域水污染物排放标准》(DB44/T 2130—2018)、《河道淤泥固化处置再利用泥质》(DB44/T 2190—2019)、《河道淤泥固化处置技术规范》(DB44/T 2171—2019)、《城市景观湖泊水生态修复与运维技术规程》(DBJ/T 15—183—2020)等深圳市、广东省地标，另外可以参考河湖生态系统保护与修复、河湖健康评价相关的行标，并且深圳市制定了自身的生态美丽河湖建设总体方案、评价指标体系及评价指引以及河湖生态修复设计导则，基本可以支撑该项工作。关于碧道建设，目前处于起步试点阶段，深圳市制定了全市碧道建设总体规划、行动方案，以及高质量推进碧道建设与管理的若干措施，在技术指导文件方面，制定了深圳市碧道标识系统设计指引、碧道试点建设阶段规划设计指引、深圳市碧道方案设计编报及评价指引(编制中，为碧道方案设计单位、建设单位、审查单位和有关专家提供工作指引)、碧道建设验收管理办法及验收评价标准，另外可参考广东省出台的碧道建设相关指引。但从碧道全生命周期涉及的各环节来看，还缺少碧道建设指引、碧道建成后的运行维护指引等技术文件。

5.3.9 规计处

针对“承担水务发展专项资金的使用和管理工作”职责，深圳市制定了《深圳市水务发展专项资金管理办法》《深圳市水务发展专项资金项目申报指南(2020年)》等规范性文件，基本能支撑该项职责。

5.3.10 建管处

针对“负责拟定水务工程建设管理的政策、规程、规范、标准，并监督实施”职责，深圳市制定的标准性文件较少，支撑性相对欠缺，需在水务工程竣工验收、质量评价方面制定相关指导性文件。

针对“负责全局范围内水利工程的开工备案工作”职责，制定了《深圳市水务工程开工备案管理办法(试行)》等规范性文件，基本可以支撑该项职责。

针对“承担水务工程造价管理工作”职责，深圳市还未制定符合实际的城市水务工程造价定额，支撑性相对欠缺。

针对“统筹水务工程结算、决算管理”职责，深圳市已经出台水务工程结算、决算的相关规程和管理办法，基本可以满足工作要求。

针对“按规定负责统筹全局水务工程项目的竣工验收工作”职责，深圳市还未制定符合深圳市城市定位的水务工程竣工验收相关指导性文件，支撑性相对欠缺。

5.3.11　安监执法处

针对“组织拟定水务工程质量监督政策、规范、标准”职责，深圳市尚未制定符合深圳市城市定位的水务工程质量评价的相关规范、标准，支撑性相对不够。

针对“指导全市水务安全生产标准化建设，组织拟定水务行业安全生产政策、规范、标准”职责，水利部出台了安全生产标准化建设相关指导性文件，但是深圳市没有结合自身实际进一步细化制定深圳市的水务安全生产标准化建设指导性文件。水务工程、水务设施、暗渠暗涵、水库、供水水厂、供水管线、排水管网、污水处理设施、物业等9个领域的安全管理工作手册正在编制中，可以支撑水务行业安全生产工作。

5.3.12　科信中心

针对“承担全市水务信息系统的建设与运维管理工作，统筹全市水务信息数字资源的标准化规划、信息整编、共享和管理工作”职责，深圳市目前在水务信息系统的建设运维、水务数据治理方面的标准性文件基本没有，支撑性相对不够，急需加快智慧水务、水务数据治理方面的标准性文件制定。

5.3.13　东江水源工程管理处

针对“已建水利工程日常维护、机械设备运行管理、运行安全监测”职责，深圳市尚未制定符合深圳市高质量发展要求的水务工程及设施的管养标准，对该项职责的支撑性相对欠缺。

5.3.14　东部水源管理中心

针对“负责清林径水库、赤坳水库、东涌水库、洞梓水库、径心水库等5座水库的日常建设、管理、运行和维护工作；负责龙清线、东清线、大鹏半岛支线、坝光支线、大鹏应急支线等5条供水管线的建设、管理、运行和维护工作；负责龙口二期泵站、上擦排涝泵站、龙清泵站、东清泵站、沙湖泵站、径心泵站、坝光泵站等7座泵站的建设、管理、运行和维护工作”等职责，深圳市尚未制定符合深圳实际的水库、配水工程及设施、泵站等水务工程设施的管养标准，支撑性相对不够。

5.3.15 铁石管理处

针对“负责铁岗水库、石岩水库和茅洲河提水泵站、塘头抽水泵站、库区涵养林及配套水务工程设施的建设、运行、维护、管理工作”职责，深圳市尚未制定符合深圳实际的水库、泵站等水务工程设施的管养标准，支撑性相对不够。

5.3.16 流域管理中心

针对“承担流域内市管河道及其附属设施、水质改善设施的运行、维护等管理工作”职责，深圳市尚未制定符合深圳实际的河道及设施的管养、运维标准，支撑性相对欠缺。

针对“负责编制流域防洪排涝联合调度方案、污水统筹调度方案和水资源利用调度方案等”职责，深圳市尚未制定防洪排涝、污水、水资源调度方案编制指南，支撑性相对欠缺。

针对“承担流域干流碧道的日常管理工作”职责，深圳市尚未制定符合深圳实际的碧道管养标准，支撑性相对欠缺。

针对“协助主管部门对流域内的厂、网、河、池、站、闸等水务设施的建设运行开展监督考核、巡查巡检工作”职责，深圳市尚未制定流域内水务设施的建设运行监督考核指南，支撑性相对欠缺。

第 6 章
国内外先进对标

在国内外发达城市水务标准体系研究以及深圳市水务标准体系现状研究的基础上，本章主要进行国内外先进对标，介绍国内外发达城市值得借鉴学习的各领域水务标准以及相关经验做法，总结水务标准体系、主要控制指标、标准支撑薄弱领域等3个维度的国内外对标结果。

6.1 先进经验借鉴学习

6.1.1 上海

上海市在2016年就发布了《上海市水务标准体系表》，构建了水务标准体系。2019年进行了修编，形成了最新的三维水务标准体系架构。其中的专业门类是与上海市水务部门职能和施政领域密切相关，反映水务行业的主要对象、作用和目标，体现水务行业专业特色的专业门类。专业门类是紧密结合上海市水务部门职能和水务行业特色来确定的。在功能序列上，突出了水务信息化建设和城市水务定额的重要性。上海市水务局每5年会定期对水务标准体系进行修编。

在水安全领域，值得关注的是，为规范上海市治涝规划设计工作，上海市在相关行标的基础上，结合上海市实际制定了《治涝标准》(DB31/T 1121—2018)，规定了上海市的涝区划分、治涝标准选定和表述、设计暴雨、设计潮(水)位潮型和设计水位、涝水排除程度和排除时间、治涝工程体系等要求。另外，上海结合实际制定了《暴雨强度公式与设计雨型标准》(DB31/T 1043—2017)，规定了上海市暴雨强度公式与设计雨型标准的适用范围和暴雨强度公式、暴雨设计雨型等内容。

在水保障领域，值得关注的是，为提高上海市城市供水管网泵站供水安全性与可靠性，规范城市供水管网泵站远程监控系统设计、施工、验收、运行和维护，上海市制定了《城市供水管网泵站远程监控系统技术规程》。另外，上海市针对生活用水、不同工业产品用水、城镇公共用水等制定了较为详细完善的用水定额体系。

在水环境领域，值得关注的是，上海市制定了城镇污水处理厂大气污染物排放标准、多种污泥处理技术标准，以及初期雨水治理截流标准。

在水生态领域，值得关注的是，针对黑臭水体的生态修复，上海市正在制定相关技术规程。

在水管理领域，值得关注的是，上海市针对装配整体式混凝土结构施工及质量验收、排水管道非开挖修复技术施工质量验收、排水管道检测评估、水利工程施工质量检验评定、水利工程信息模型应用等方面均制定了地方标准，深圳市可以借鉴学习。

6.1.2 北京

北京市尚未形成统一的水务标准体系，但其多个相关政府部门和设计院共同参与水务地方标准的编制发布，跳出“水务圈子”制定水务标准，使得发布的水务地方标准被广泛地认可，这种工作模式值得借鉴学习。

在水安全领域，值得关注的是，与上海市类似，北京市也制定了暴雨径流计算地方标准。

在水保障领域，值得关注的是，类似于上海市，北京市也针对不同工业产品用水、公共生活用水和农业灌溉等不同领域制定了较详细完善的用水定额体系。针对不同对象制定了城镇节水评价规范，以及节水器具应用技术标准，值得深圳学习借鉴。另外，北京市开展了再生水分质供水标准研制。北京将再生水分为高品质再生水和低品质再生水，低品质再生水是排放标准达到一级 A 及以上的污水处理厂尾水，主要用于河、湖景观环境补水；高品质再生水是污水处理厂尾水经“双膜”(即“超滤＋反渗透”)工艺处理达到较高标准，出水水质几乎接近饮用水标准，水质安全保障较高，主要用于对水质要求较高的工业企业。

在水环境领域，值得关注的是，北京市针对再生水厂恶臭污染，制定了《城镇再生水厂恶臭污染治理工程技术导则》(DB11/T 1755—2020)。

在水生态领域，值得关注的是，北京市在海绵城市建设效果监测与评估、生态清洁小流域建设、中小河道综合治理规划、水库型水源地生态保护和监测、水生态健康评价等方面制定了地方标准，值得深圳学习借鉴。

在水管理领域，值得关注的是，北京市制定了不同水利工程的施工质量评定地方标准，针对城市深隧，制定了城市综合管廊从工程设计、施工及验收到隧洞监控与报警等全周期的地方标准，值得深圳借鉴学习。

6.1.3　香港

在水安全领域，值得关注的是，香港制定了详细的雨水排放系统手册，能为雨水排放工程的规划、设计、运行和维护等各环节提供指导，实现了香港雨水排放标准的"一本通"。在改善防洪体系方面，采用雨水排放隧道以截取和输送雨水，以及建造地下蓄洪池暂时贮存雨水等不会带来扰民影响的创新做法也值得学习借鉴。

在水保障领域，值得关注的是，香港制定了灰水回用及雨水收集技术规范，规定了灰水回用和雨水收集系统的设计、安装、调试、运行和维护的要求，终端用户以及操作和维护人员的安全保护措施，教育和培训等各环节要求，并且制定了经处理的灰水和雨水水质标准，为灰水和雨水的收集利用提供了有力的支撑。针对餐饮业及酒店业等高耗水行业，香港制定了相应的用水效益最佳实务指引，提供了世界各地酒店业、餐饮业在提升用水效益方面的经验，以及适合香港业界使用的节水措施，为提高香港节水水平提供了重要支撑。针对沐浴花洒、水龙头、洗衣机、小便器用具、节流器和水厕等主要水喉装置及用水器具，香港制定了对应的用水效益标签，必须达到一定用水效益级别的产品才能供消费者使用，这种做法大大提高了香港用水效率。

在水环境领域，值得关注的是，香港根据污水的不同去向制定了详细的排入污水渠、雨水渠、内陆及海岸水域等不同受体的污水排放水质标准。水质指标有物理、化学及微生物指标，并且这些指标的限制标准会随着污水排放流量不同而改变，使得污水排放标准更加系统、科学合理。

在水管理领域，值得关注的是，香港制定了 BIM 建模手册，为雨水、污水排放设施和排水网应用 BIM 技术建模提供指导。

在水景观领域，值得关注的是，香港制定了泵站美学设计指引，为泵站建筑物美学设计提供指导，要求所有泵站采用统一的设计标准，通过提高泵站建筑物的美感向公众提供世界级品质的排水设施。

6.1.4 新加坡

在水安全领域，值得关注的是，新加坡制定了城市径流管理手册（雨水排放手册），介绍了新加坡采取的“源头—径流过程—雨水受体”整体雨洪管理策略，为整体雨洪管理策略的规划、设计和实施提供指引。“源头解决方案”是指就地减缓和截取城市径流，如建设蓄滞池；“过程解决方案”是指增强雨水过流系统的能力，如加宽加深排水渠、流域尺度的截流系统；“雨水受体解决方案”是指为了保护雨水最终到达的地方采取的措施，如建筑物防洪堤。这种整体雨洪管理策略值得借鉴学习。另外，新加坡制定了就地雨水调蓄池系统技术指南，为雨水调蓄池系统的设计、运行维护提供指导。

在水保障领域，值得关注的是，新加坡将100%的用户废水都排入废水管网，输送到供水回收厂经过二级处理后，再通过微滤膜、反渗透膜及紫外线技术处理，经处理后的水称为新生水，水质标准达到了饮用水标准。与中国香港类似，新加坡也制定了灰水循环利用水质要求。另外，新加坡对水嘴、坐便器、小便池、洗衣机、淋浴器以及洗碗机等家庭常用的用水产品制定了强制性节水标签，只有符合节水标签的节能流量测试要求的产品才能在新加坡销售。

在水环境领域，值得关注的是，针对工业污水排放新加坡制定了详细的排放标准，包括水质的理化指标和金属离子最高浓度，以及不得出现的物质详细清单。

在水生态领域，值得关注的是，新加坡非常重视源头治理、源头利用的城市雨水管理理念，在雨水形成地表径流的过程中，采用景观设计的方法，通过植物和土壤介质，尽可能地进行源头净化和利用，让干净的水排入公共排水网络。

在水管理领域，值得关注的是，新加坡的ABC水计划。ABC水计划将管网、河道和水库与周围环境全方面融合，目的是为了创造美丽干净的溪流、河湖以及像明信片一样漂亮的社区空间，以供所有人去享用，主要实践经验包括整体性的降雨径流管理、突出雨水源头的滞蓄与治理、体现生态与亲水性设计理念的城市水体优化改造。另外，在智慧水务方面，新加坡一直很关注数字技术，新加坡公共事务局计划采用自动化、人工智能、大数据和机器学习等数字解决方案和智能技术，以增强其运营弹性、生产力、安全性。

在水文化领域，新加坡采取的更新品牌塑造、品牌标识设计、庆典活动打造、文化功能植入、景观系统连续等滨水区文化更新策略也值得学习借鉴。

6.1.5　东京

在水安全领域，值得关注的是，在洪涝防治策略方面东京政府要求新建和改建的大型公共建筑群必须设置雨水就地下渗设施，每公顷土地应设 500 m^3 的雨洪调蓄池。另外，东京首都圈外围地下深层排水系统为东京防洪发挥了重要作用，这种利用深层地下排水系统缓解超大城市洪涝问题的做法值得借鉴学习。

在水保障领域，一方面是东京在日本国家饮用水水质标准的基础上制定了对自来水口感要求更高的“适口自来水水质标准”；另一方面，东京建立了包括及时应对措施、预防措施以及漏失控制技术的研发等内容的供水管网漏失预防管理体系，使得东京供水管网漏失率达到世界领先水平(3.2%)。

在水环境领域，值得关注的是，东京对于污水排放标准根据保护对象的不同制定了分类排放标准，包括出于保护人的健康和生活环境目的的两类排放标准。

在水生态领域，值得关注的是，东京采用日本大力推进的多自然型河流建设理念，多自然型河流建设并不是简单地保护河流自然环境，而是在采取必要的防洪抗旱措施的同时，将人类对河流环境的干扰降低到最小，与自然共存，日本河道整治中心发布了多项与此相关的指引指南文件。

在水管理领域，值得关注的是，为减少下水管道安装对社会造成的干扰，东京应用非开挖施工技术，并研制了一种新型隧道掘进机，可以消除地下障碍物对施工带来的不利影响。

6.1.6　伦敦

在水安全领域，值得关注的是，伦敦建造的“泰晤士河隧道”超级工程，这个巨大的地下深隧工程极大地缓解了伦敦城市防洪排涝问题。

在水保障领域，值得关注的是，英国精细化的饮用水水质标准，针对供水水库、水厂和用户水龙头等不同供水网络点位都规定了饮用水水质参数标准。

在水环境领域，一方面是伦敦采用的新型、高效的污泥深度脱水技术——BUCHER压滤技术，该技术可使污泥含水率降低到机械脱水的极限；另一方面，英国针对河口和沿海水域、淡水水域等不同的接受水体分别制定了水污染物排放标准，并且每项指标规定了用来评价长期对环境影响的年平均值标准，以及用来评价短期对环境影响的最大允许值标准。

6.1.7 纽约

在水安全领域，值得关注的是，在洪涝防治策略方面美国是世界上最早建立国家强制性洪水保险体制的国家，在非行洪区内修建建筑物前必须购买洪水保险。纽约地方立法规定，城市新开发区域必须实行强制的“就地滞洪蓄水”，政府还为一些城市生活低收入者主动购买洪水保险。

在水保障领域，值得关注的是，美国的饮用水水质标准包括一级标准和二级标准。一级标准是强制性标准，污染物参数多达88项；二级标准是非强制性标准，各州可根据具体情况将其纳入强制性标准。

在水环境领域，一方面是市政污水处理排放标准，每个排放污水的点源都必须获得一个NPDES许可证，其核心内容就是排放限值，分为基于技术的排放限值（TBELs）和基于水质的排放限值（WQBELs）。TBELs是污染物排放的最低要求，但是没有考虑污染物排放对水体的影响；WQBELs是各州通过规定受纳水体需要达到的水质要求，从而反推设定的排放限值，是各州政府对当地污水处理厂制定的排放标准，其目的是为了满足水环境质量的要求，这种根据受纳水体保护要求反推出来的排放限值可以有效保护水环境。另一方面是地表水环境质量标准，一般包括水体指定用途、保护水体用途的定量和定性指标、防止水质恶化条款，以及应用和实施的一般政策等4部分；可以看出它是针对不同用途水体制定相应的水质标准，并规定了防止水质恶化的条款，这种做法值得借鉴学习。

在水生态流域，值得关注的是，纽约及美国其他地区的河流近自然化综合治理理念，主要包括水质改善、水文情势改善、河流地貌修复、生物多样性的恢复与维持4项任务。

在水景观领域，值得关注的是，纽约及美国其他地区的滨水空间设计导则中提出的创造公众到达滨水空间的机会、提高滨水空间及其连接内陆空间路径的景观吸引力、增加步行道与水岸之间的景观丰富度、将滨水绿道与海岸线道路系统相互连接等4条设计原则值得借鉴学习。

6.2　水务标准体系对标

通过对深圳市水务标准体系发展现状与深圳水务发展现状、深圳水务“十四五”发展目标、国内外发达城市水务标准发展水平的对标分析，目前深圳市水务标准体系存在的主要问题体现在以下两个方面。

第一，部分国家、行业、广东省标准不能直接适用于深圳水务的需求，而相关地方标准也未能进行有效补充，标准体系建设滞后于深圳水务发展速度。

现状水务标准体系对突出深圳水务特点存在不足，主要表现为在标准层次维度，现有标准体系只有5个层次，深圳市水务局目前已出台的大量技术指导文件，未纳入标准体系的管理中；在专业门类和功能序列维度，现有标准体系分类，体现深圳水务的特点不够，与当前和未来一段时期内深圳水务重点发展领域和“双区”建设需求结合不够紧密，如支撑智慧水务的信息管理，新形势下融合更多城市功能的水务经济领域的工程造价、生态价值、水务管养定额等，面对深圳高度依赖外调水源和源短流急的感潮河流特点下的水务工程体系流域、区域、单一工程不同层级调度运行等，未纳入标准体系中的一级功能序列或专业门类。而作为对标的上海市，将上海市水务局发布的技术指导文件作为一个单独的层级列入标准体系中，将信息化和定额作为单独的一级功能序列纳入标准体系中，并且在信息化方面已经制定了水务信息管理，市政给排水、水利工程信息模型应用等地方标准，在定额方面已经制定了详细的工业、生活节水定额，水务工程建设、维修养护定额标准。作为对标的北京市，在定额方面制定了北京市水利工程维修养护定额、详细的公共生活取水定额，计划2023年前完成生活服务业、工业、建筑业、农业等各领域节水标准。

深圳市在气候地理、河湖水系、水务工程类型、管理特点方面均具有明显的独特性，导致部分国家标准、行业标准、广东省标准不能直接适用于深圳水务需求。气候地理方面的独特性，深圳市境内属于沿海低山丘陵区，是亚热带向热带过渡型的海洋性气候，旱涝季节分明，年内降雨非常集中，易受风暴潮、极端天气影响；河湖水系方面的独特性，境内均为雨源型、感潮型的中小河流，河床比降大，上游暴雨陡涨陡落，下游潮水顶托，且大多数水系穿城而过，与城市发展布局高度融合；水务工程类型方面的独特性，具有明显城市水务的特点，河湖治理（如堤防、水系综合整治等）需与市政基础设施、海绵城市建设、城市公园绿地等统一综合考虑，包括东江、西江外调水调蓄与保护，水污染防治（如水库周边上游50年一遇以下洪水截流、雨水调蓄池、截污暗涵、城市污染雨水水质净化等），城市水库和山塘的安全保障（水库、山塘下游城市建设区大、人口密集、产业集中）等；水务管理方面的独特性，具有供用耗排全过程和城市水务的双重管理需求，对深圳水务的跨地域（粤港澳、外调水、上下游等）、跨部门（水务、生态、国土、城建等）、跨专业（城市水务、市政排水、城市建设、园林景观等）的复合管理要求更高。

国家、行业、广东省标准主要考虑的是更大范围的适用性，针对深圳独特性的多为指导性原则条款，难以直接使用，需要通过地方标准来进行细化，才能直接应用到深圳水务中，而目前深圳已发布的42部地方标准，多为建设标准，管养维护、调度运行、规划与统计、行政监管等方面标准基本没有；主要集中在供排水、海绵城市建设（属于水生态）两个专业，水务局各处室实际工作中许多相关专业领域尚缺乏标准支撑，主要体现在城市水文、河湖生态修复、河湖生态健康评价与监测、生态流量确定、河湖管理、水库安全保障、水资源供水调度、水源地保护、污水处理、排放设施建设、城市排涝体系建设等方面，尤其在传统的水利水电、新兴的城市水务、生态修复、水环境、水务数据、工程经济等专业领域的标准基本没有。而作为对标的上海市，制定了水利工程、设施运维地方标准或者指导性技术文件；北京市制定了供排水工程、设施运维地方标准。

第二，现有水务标准体系建设与深圳水务建设的发展不同步，不能满足深圳水务建设的新形势和新要求

随着深圳水务的不断发展，出现了一批支撑深圳市高质量发展需求的水

务工程，现有水务标准体系还没有完全覆盖，需要深圳结合实际制定相关水务标准，主要体现在以下具体领域：

在“千里碧道”建设方面，涉及碧道的规划、设计、建设、验收以及河道管理范围外的碧道设施运维等相关标准和技术要求。

在暗涵水环境整治方面，随着城市化进程加剧，深圳形成了许多分散在城市各处的河道暗渠、市政雨水箱涵等暗涵。暗涵水环境整治成为深圳水污染治理的痛点，其治理标准和技术要求也需因城而异确定。

在雨水调蓄池建设与运行方面，为了防止污染雨水对河湖水质造成冲击，深圳市建设了大量污染雨水调蓄池，急需出台相关建设和运维标准来进行规范。

在深层供水和排水隧洞的建设和运维方面，深圳超大城市的发展，土地节约集约利用要求将越来越高，深圳城市供水和防洪排涝体系的地下空间发展将进一步加大，城市供水和排水深隧建设和运维标准是深圳水务地下空间有序规划和开发的保障。

在非常规水利用方面，深圳是典型的沿海缺水大型城市，急需根据深圳产业分布特点和河湖生态保护要求，出台相关标准推动再生水、雨水等非常规水源的利用。

在污泥无害化资源化处理处置方面，涉及高标准污泥处理厂建设、验收。

在应对极端天气挑战方面，气候变化会带来极端天气，对深圳水务基础设施建设有独特要求，需要完善城市水文计算、生态海堤建设等领域的标准。

在城市生态河湖修复与保护方面，涉及硬化、渠化河道的生态化改造，城市水源涵养林建设，建设项目水土流失定量监测预报，水务设施景观化改造等相关领域的建设和运行标准。

在城市小微水体的安全管理与养护方面，涉及深圳境内分散的大量小微水体、山塘等安全管理和养护标准。

在水务工程退役（拆除）管理方面，在深圳城市快速发展的过程中，深圳水网也随着城市的发展不断完善和进步，部分不适应的水务工程需要退役（拆除），相关工作也急需标准进行规范。

6.3 主要控制指标对标

通过与国内外发达城市水务标准主要控制指标的对比，深圳水务标准在“八水”领域主要控制指标还处于落后位置，难以支撑深圳水务对标全球标杆城市的发展要求。

通过与北京、上海、香港以及东京、新加坡、伦敦、纽约等国内外发达城市的对比，结合深圳市的实际情况和特点，深圳在水安全、水保障、水环境、水生态、水景观、水管理、水文化、水经济等方面的主要控制指标与国内外发达城市还有一定差距(表 6-1)。

在水安全方面，深圳现状城市防洪标准为 50～200 年一遇，防潮标准为 20～200 年一遇，内涝防治标准为 20～50 年一遇，雨水管网设计标准为 3～10 年一遇，而东京、纽约等城市防洪标准达到 100～200 年一遇，纽约、伦敦防潮标准分别达到 100～500、200～1 000 年一遇，东京、中国香港治涝标准分别达到 40～150、50～200 年一遇，新加坡、伦敦排水管网设计标准达到 5～10、5～30 年一遇。深圳市要求在新、改建区域的开发过程中，每万平方米建设用地配建雨水调蓄容积为 300 m^3，而北京、东京等城市要求配建雨水调蓄容积为 500 m^3。

在水保障方面，深圳市现状应急供水保障能力为 45 天，而中国香港、新加坡应急供水保障能力分别达到了 180 天、240 天；深圳目前还未实现全城自来水直饮，而东京、纽约等城市已实现自来水 100%直饮。现状节水水平、水资源节约集约化利用水平与新加坡、中国香港等城市均存在差距，深圳现状供水管网漏失率为 9.22%，而新加坡仅有 4.6%；现状万元 GDP 用水量为 7.67 m^3，而中国香港、新加坡分别为 4.09 m^3、2.65 m^3；现状再生水利用率为 70%，而新加坡再生水利用率达到 100%，且再生水水质达到饮用水标准。

在水环境方面，目前深圳市的河流只是完成了黑臭水体消除，雨季还存在较大的水环境风险；现状城市污水收集、处理率未达到 100%，新加坡已实现污水收集、处理率 100%；污水处理排放标准为地表水准Ⅳ类和一级 A 相结合，新加坡已达到非直接饮用标准。

在水生态、水景观方面，深圳市处于“水环境治理”向“水生态修复”过渡阶段，整体水生态修复保护水平较低，现状水域面积占比 4.7%，而上海达到了 10.5%、香港达到了 9.05%；现状生态岸线占比约为 40%，上海主城区生态、生活岸线比例不低于 95%；地表水环境质量全市五大流域干流河道断面水质达地表水Ⅳ类及以上占 40%，上海主城区水环境质量达到Ⅳ类地表水标准。

在水管理方面，BIM 等新技术的应用在深圳还处于起步阶段，而香港供排水领域已广泛使用 BIM 技术，并建立了供水智慧化管理系统；现状水域对公众的开放率不高，而中国香港、纽约、新加坡等城市水域开放率均已较高；现行标准中关于水务设施运维标准偏低，不满足深圳水务高质量发展的要求。在智慧水务领域，深圳将全面开展水务行业的智慧治理工作，建设水务数字基建，完善数据治理体系、业务应用体系、信息化保障体系，现状智慧水务建设处于起步阶段。

在水文化、水经济方面，深圳正在通过碧道建设探索治水与水文化、水经济的融合发展，而上海苏州河、香港维多利亚港、伦敦泰晤士河等综合治理中，将水文化水生态空间与城市滨水经济空间进行融合，成功实现以水系、湾区的高品质水生态引领城市滨水高质量经济发展，深圳还处于追赶的地位，相关标准体系建设也相对滞后；在工程造价和运维管养领域，具有深圳特色的城市水务工程（如城市深层隧洞、城市暗涵治理施工等）建设的工艺流程、材料标准、人工单价、运行维养等具有显著特点，广东省相关定额不能直接采用，但目前深圳水务造价定额领域几乎是空白，部分运维养护定额也是空白，而北京市、上海市等已初步建立了城市水务工程建设定额、维修养护定额。

表 6-1　关键控制指标发展水平对标

水务领域	深圳发展水平	国内外发达城市发展水平
水安全	防洪标准：50～200 年一遇 防潮标准：20～200 年一遇 内涝防治标准：20～50 年一遇 雨水管网设计标准：3～10 年一遇	东京、纽约达到 100～200 年一遇 纽约、伦敦达到 100～500、200～1 000 年一遇 东京、香港达到 40～150、50～200 年一遇 新加坡、伦敦达到 5～10、5～30 年一遇

续表

水务领域	深圳发展水平	国内外发达城市发展水平
水保障	应急供水保障能力:45 天 自来水直饮:未实现全城直饮 供水管网漏失率:9.22% 再生水利用率:70%	香港、新加坡分别为 180 天、240 天 东京、纽约已实现自来水 100%直饮 新加坡仅有 4.6% 新加坡达到 100%
水环境	污水收集、处理率:未达到 100% 污水处理排放:地表水准Ⅳ类和一级 A 相结合	新加坡已实现污水收集、处理率 100% 新加坡已达到非直接饮用标准
水生态 水景观	水域面积占比:4.7% 生态岸线占比:40% 地表水环境质量:五大流域干流河道断面水质达地表水Ⅳ类及以上占 40%	上海达到了 10.5%、香港达到了 9.05% 上海主城区生态、生活岸线比例不低于 95% 上海主城区水环境质量全部达到Ⅳ类地表水标准
水管理	BIM 技术应用:起步阶段 水域对公众的开放率:不高 水务设施运维标准偏低 智慧水务建设处于起步阶段	香港供排水领域已广泛使用 BIM 技术 香港、纽约、新加坡水域开放率均已较高
水文化 水经济	正在通过碧道建设探索治水与水文化、水经济的融合发展 具有深圳特色的城市水务工程建设定额、运维养护定额是空白	上海苏州河、香港维多利亚港、伦敦泰晤士河等已将水文化水生态空间与城市滨水经济空间进行融合,成功实现高品质水生态引领城市滨水高质量经济发展 北京、上海已初步建立了城市水务工程建设定额、运维养护定额

6.4 标准支撑的薄弱领域对标

在现状深圳市水务标准体系梳理结果和各处室单位、各区水务局以及相关水务企业调研结果的基础上,结合各处室单位水务标准应用现状以及国内外发达城市的借鉴学习,从水生态、水安全、水保障、水环境、水文化、水景观、水管理、水经济等“八水”方面对比总结出深圳市水务标准支撑的薄弱领域。

6.4.1 水安全

在水安全领域,主要在城市水文监测、城市防洪(潮)排涝、流域防洪调度方案编制、立体防洪排涝体系构建、防洪安全管理、水毁工程认定、水库除险加固、水务设施防雷等方面缺少标准性文件支撑。

(1) 水文分析计算。考虑到深圳市在快速城市化进程中城市下垫面的快速变化，以及受极端气候频发的影响，为提高水文情报预报、水文分析计算工作的精度，需针对深圳市特点，制定水文监测相关技术指导文件，规范水文监测这项基础工作，为水文情报预报、水文分析计算工作提供更全面、准确的基础数据。

(2) 城市防洪(潮)排涝。深圳市规划到2035年流域防洪标准达到200年一遇；大鹏湾、大亚湾水系，赤石河流域防潮标准为200年一遇高潮位加12级台风；深圳湾水系、珠江口水系防潮标准为1 000年一遇高潮位加16级台风；城市内涝防治设计重现期达到100年一遇。但是没有形成统一的防洪治涝标准文件，细化明确不同分区的防洪治涝建设标准。

(3) 流域防洪调度方案。各流域管理中心需制定各流域的防洪调度方案，但是目前缺少相关编制规程指导，对于如何科学制定流域防洪调度方案没有依据可遵循。

(4) 立体防洪排涝体系。随着城市化进程的快速发展，布局深隧排水系统，构建多级立体防洪排涝体系，是超大城市实现洪涝有效防治的选择之一。在“双区”战略驱动下，深圳市需提前谋划制定构建立体防洪排涝体系相关技术指引，以引领该领域的标准建设。

(5) 山塘防洪安全管理。山塘的防洪安全责任在水务主管部门，山塘的规模不同于小型水库，不能参照水库管理办法，各区关于山塘的防洪安全管理缺少依据。

(6) 水文应急监测。关于水文应急监测工作目前可参考的标准性文件较少，为做好各种突发水事件、极端水(雨)情的应急监测和响应工作，需制定深圳市相应的水文应急监测和响应的标准性文件。

(7) 水毁工程认定。在实际工作中，对于水毁工程的认定缺少标准，制约了水毁工程认定工作的开展。

(8) 建设项目配建防洪排涝设施。部分工业园区、开发建设项目属山地开挖施工项目，开发建设过程中极易破坏山体原有排水体系及改变汇水分区，因相关制度、标准缺失，项目区外配建的防洪排涝设施建设方案审查、监管存在不足，为后续防洪安全带来隐患。建议制定建设项目配建防洪排涝设施相关工作技术指引。

(9) 水库除险加固。党中央、国务院对水库安全工作高度重视。习近平总书记多次做出重要指示、批示，党的十九届五中全会提出要加快病险水库除险加固，国务院常务会议明确“十四五”期间水库除险加固和运行管护要消除存量隐患，实现常态化管理。水利部召开专题会议部署“十四五”水库除险加固和运行管护工作，要求2022年前，完成水库除险加固遗留问题处理，现有超时限水库的安全鉴定，现有已鉴定病险水库的除险加固；2025年前，完成新出现病险水库的除险加固。水库安全依然是水利行业的第一风险，深圳全市不同规模大小的水库有180余座，开展水库的安全鉴定和病险水库除险加固工作迫在眉睫，需制定相关技术指引统一全市水库除险加固工作。

(10) 水务设施防雷。水利工程管理设施是水利工程管理和维护的基础设施，直接关系到水利工程的安危和人民群众生命财产的安全。近年来，随着水利现代化的不断推进，水利工程管理设施的信息化、电子化和自动化程度愈来愈高，提高水利工程管理设施防雷能力，避免雷击破坏，显得尤为重要。《国务院关于优化建设工程防雷许可的决定》(国发〔2016〕39号)，明确“公路、水路、铁路、民航、水利、电力、核电、通信等专业建设工程防雷管理，由各专业部门负责”。当前水务工程防雷存在的问题：①在水务工程的设计中，无具体的防雷技术措施要求。②在水务工程中，有人员活动区域的防雷措施不到位，存在严重的安全隐患。③存在采取了防雷措施，设备仍被雷电破坏的情况。特别是电子自动化系统，雷电破坏严重，并频繁发生，虽经多次改造，并不能改善。雷电破坏自动化系统的事故严重影响供排水设施的正常使用。④部分人员的不重视，忽视了合适的技术是可以最大程度、经济合理地抵御雷电灾害的。⑤水务工程的防雷监理、检测，检测项目不完善，没有真正起到作用，有的甚至流于形式。⑥水务工程运营单位对雷电防护工作不重视或不知道应该如何防护。为保证水务工程的防雷工程质量，解决本市水务工程管理中的难点问题，建立深圳市水务行业的防雷技术规范是十分必要而且迫切的。国际上暂无水务系统相关防雷技术标准；国内暂无相关行业标准，国家相关标准《供排水系统防雷技术规范》(GB/T 39437—2020)于2020年11月19日发布，2021年6月1日实施。国家标准是全国通用标准，要兼顾全国不同地区的雷电灾害发生水平、水务规划建设水平、当地经济水平等具体情况。而深圳属雷电高发地区，水务系统自动化水平高，雷电灾害发生率高，发生灾害影响较大，所以针对深圳市的实际情况，编写水务设施防雷标准是必要的。

6.4.2 水保障

在水保障领域，主要在城市水源地安全保障，供水厂、网、设施设备管理，用水安全，再生水利用，用水统计方法，节水管理，水库、输水工程、配水设施管网管养定额等方面缺少标准性文件支撑。另外，需制定深圳市更高要求的规划和建设项目水资源论证技术指南，支撑节水典范城市建设；城市深层水工隧洞设计运维需相关指导性文件支撑。

（1）水源地安全。深圳城市中的水源地对于供水安全至关重要，深圳市水源地处在城市建成区包围圈中，随着经济高速发展、人口大幅增加、土地过度开发、交通路网临近或穿越水库，这些因素会带来水库污染隐患加大、潜在污染风险升级等诸多问题，急需针对深圳市城市水源地特点，制定专门详细的水源地保护技术规程，确保水源地安全。

（2）水源地保护区划分。广东省地标《饮用水水源保护区划分技术指引》（DB44/T 749—2010）发布已经有10余年，且与深圳的城市水源地特点不相匹配，需结合深圳市城市饮用水水源地保护区划分中遇到的问题制定深圳市的水源保护区划分相关标准。

（3）供水安全。供水厂和管网的安全运行对于保障供水安全至关重要，需制定相关技术规程规范供水厂和管网运行维护、安全管理工作。

针对公共场所的饮用水水处理设备管理、供水设施改造缺乏相关的标准性文件指导工作的开展。降低管网漏失率是提高节水水平的一项重要措施，但是对于提前发现管网漏失现象的检漏工作缺乏统一的技术指引。

目前，深圳市《二次供水设施技术规程》已出台，但一些辖区存在规程出台前的新建居民小区二次供水设施不完全符合现行规程技术要求的问题，对于这类存量二次供水设施该如何验收移交缺少相关指导性文件。

（4）用水安全。针对居民用水安全，需制定安全用水导则指导居民安全用水，需制定水质安全风险控制规程降低饮用水水质风险。

(5) 非传统水资源。对于非传统水资源,深圳市目前主要推行再生水的利用,但是目前对于再生水用于不同行业的水质要求、再生水安全利用都缺少相关标准性文件。

(6) 用水统计。目前,各区用水总量的统计工作比较盲目,缺乏依据,急需制定深圳市的用水总量统计技术指南,规范指导全区用水总量统计。

(7) 水量流量计。准确的水量计量对于水资源管理是一项非常重要的基础工作。在相关水管单位实际工作中,对于水量计量设备的精度(分辨率)要到达什么水平才算合格缺少依据,对于水量计量设备的选取缺少统一的标准。

(8) 最严格水资源管理制度考核。广东省考核深圳市的标准不适用于深圳市对各区的考核,具体表现为广东省对深圳市的考核结果为中等或者倒数,但是深圳市对全市10个区的考核结果都是优秀,反映出省里的考核标准不适用深圳各区的实际情况,有必要针对深圳市的特点制定最严格水资源管理制度考核规范,指导各区考核工作的开展。

(9) 节水管理。为规范推进合同节水在深圳的实施,需结合深圳实际制定相关管理办法,规范各类合同节水项目的开展。

用水定额是开展节水评价的基础,但深圳目前还未制定符合自身水资源禀赋、产业布局、居民用水特点的用水定额标准。

节水载体建设是推进节水型社会建设的重要内容,但深圳目前未制定各类节水载体的节水评价标准。

(10) 水资源论证管理。为响应国家节水要求,支撑深圳市建设节水典范城市,需在国家相关标准的基础上,制定更高标准的规划和建设项目水资源论证技术指南以及节水评价技术要求。

(11) 城市深层水工隧洞。在供水水库的相互连通中需要建设深层隧洞(深隧),设计建设阶段缺少相关标准,在建成后缺乏运行维护和安全管理的相关标准性文件。

(12) 取水许可电子证照。目前正在推行取水许可电子证照,相关的审批管理规范是空白。

(13) 水资源费征收管理。在实际工作中存在水资源费滞纳金不知如何收取的问题,需制定水资源费滞纳金征收管理办法。

在实际工作中存在长期超计划用水的用户，虽然缴纳了超计划用水的水资源费，但是长期超计划用水不利于节水型城市的建设，目前缺乏如何监管该类用水户的依据。

(14) 管养定额。缺少符合深圳实际情况的水库、输水工程、配水设施及管网的管养技术要求、管养消耗量定额以及管养计价单价定额。

6.4.3 水环境

在水环境领域，主要在排水管网管材选取、验收、病险检测，污水、污泥处理厂建设、验收、厂容环境品质提升，再生水厂建设，城市初期雨水截流，排水暗涵运维，排水系统臭气处理，排水设施管养定额等方面缺少标准性文件支撑。

(1) 排水管网。为提高排水管网建设质量和安全运行水平，需制定系统的覆盖排水管网管材选取、建设、验收、运维管理以及病险检测与监测的技术规范文件。

(2) 污水、污泥处理厂。为更高标准推进新型水质净化厂建设，并考虑合流制体制对水质净化厂处理能力的要求，需制定高标准水质净化厂建设指导性文件。为指导市区污泥处理厂建设管理工作，需制定深圳市的污泥处理厂建设、验收、运维相关标准性文件。为提升城市污水、污泥处理厂环境品质，深圳市需提前谋划制定厂容环境品质提升技术指引。为指导全市开展污泥深度脱水工作，需制定污泥深度脱水相关技术指引。

(3) 再生水厂。深圳市目前在推动再生水的利用，必须要配套建设再生水厂，需结合深圳市再生水利用的实际情况，提前谋划制定再生水厂建设技术规程及再生水厂评价指标体系。

(4) 水质应急响应。在相关水管单位进行原水水质监测的工作中，对于水质出现预警情况不知如何处理、做何响应(是否该停止抽水、何时上报水质异常情况等)，缺少原水水质应急响应管理相关指导性文件支撑。

(5) 城市初期雨水截流。为了避免河道水质受到初期雨水污染，通常会对初期雨水进行截流，但这种做法同时也增加了污水处理厂的负荷，减少了入河水量。在全市雨污分流、正本清源、全面消黑基本完成之后，是否需要继续截流、截流规模如何确定缺乏全市统一的标准。

(6) 排水暗涵运行维护。城市排水暗涵是城市排水防汛保障体系的重要基础设施,承担着确保城市污水有序收集、运输和治理,维护城市日常运行的重要作用。近年来,在排水暗涵建设快速增长的同时,运行维护管理机制不健全带来的问题也日益凸显,急需制定排水暗涵运行维护技术指引,支撑排水暗涵长效运行。

(7) 排水系统臭气处理。排水系统散发出的臭气会影响周围的生活环境,引起市民的不舒适感,降低市民的生活幸福感,需制定相关处理技术规程,指导及时处理排水系统出现的臭气问题。

(8) 排水设施管养定额。缺少符合深圳排水设施管养要求的排水设施管养技术要求、管养消耗量定额和管养计价单价定额。

6.4.4 水生态

在水生态领域,主要在碧道建设、城市河道管理范围线划定、特色河道综合整治、河湖生态流量确定、生态海堤、水源涵养林建设、建设项目水土流失定量监测预报等方面缺少标准性文件支撑。

(1) 碧道建设。碧道是广东省贯彻落实习近平生态文明思想而提出的新概念,深圳市碧道建设处于起步阶段,落到实际建设中,各流域管理中心对于什么样的碧道才符合碧道的理念认识并不统一,急需制定相关标准性文件界定碧道的概念内涵,使碧道建设各参与方对碧道有一个客观的认识。为了统一碧道建设标准,还需制定碧道规划、建设、验收技术指引,以指导各区各部门规范地开展碧道建设。

(2) 河道管理范围线划定。深圳市的河道都位于城市建成区内,在划定河道管理范围线时需协调与城市发展用地的矛盾,一些已经划定的范围线需要调整,目前缺少具有深圳特色的河道管理范围线划定技术规范文件来指导河道管理范围线的划定或者调整。

(3) 河道综合整治。深圳市境内无大江大河,河流属于雨源性河流,同时又处在城市建成区内,河道综合整治相关的国标不适用于深圳,需制定具有深圳特色的河道综合整治相关标准。

（4）河湖生态流量(水位)确定。为了维持深圳市河湖生态系统的稳定，需要针对深圳市的河湖特点，合理确定对应的河湖生态流量(水位)，需制定深圳市河湖生态流量(水位)确定方法规范。另外，为保障合理的河湖生态流量(水位)，需制定深圳市河湖生态补水调度管理办法，以规范河湖生态补水管理工作。

（5）生态海堤。深圳有200多千米长度的海岸线，海堤建设多为单一硬质化，未来的海堤要进行生态化改造，建成生态海堤，但是目前没有生态海堤建设的相关标准可参考，深圳需结合实际，率先探索制定生态海堤建设的相关标准。

（6）水源地涵养林建设。水源地涵养林对于涵养水源、改善水质能起到积极的作用，针对深圳城市水源地的特点，目前缺少相关的指导性文件规范水源涵养林的建设工作。

（7）水土流失监测预报。土壤侵蚀模数是开展区域水土流失、河流输沙量等相关定量计算的基础，准确地获取区域土壤侵蚀模数需在一定序列监测数据的基础上制定本区域的土壤侵蚀模数计算规范，目前深圳市的相关计算规范是空白的。

深圳目前的水土流失类型主要为建设项目所导致的人为水土流失，为做好建设项目水土流失的定量监测、预报工作，需结合深圳实际，填补水土流失定量监测、预报相关标准文件的空白。

6.4.5　水管理

在水管理领域，主要在水务工程竣工验收，管道非开挖施工，水务工程空间管控，水务工程、水务设施运维、管养，水库、河道、小微水体管养，安全生产标准化建设，BIM应用，智慧水务建设，智慧流域管理建设，流域调度中心建设，水文资料管理，水行政执法，新型工程建设模式下参建方职责界定，深圳市重点区域水务工程建设等方面缺少标准性文件支撑。

（1）水务工程质量与安全监督。原《深圳市水务工程质量与施工安全监督办法》已过有效期，为加强水务工程质量与施工安全监督的管理，保障水务工程建设的质量与安全，需根据水利部最新的《水利工程建设安全生产监督检查导则》,制定深圳市水务工程质量与安全监督相关管理办法。针对在实际工作中,市政排水管网工程质量、安全监督是由水务主管部门负责而非建设主管部门,建议将市政排水管网工程纳入水务工程质量和安全监督范围。

(2) 管道非开挖施工。全市各区均存在供排水管道非开挖施工作业,但是对于管道非开挖施工作业方面的标准性文件是空白,全市缺乏统一的技术指引作为作业依据。

(3) 竣工验收。在调研中了解到,目前深圳市水务工程只是开展了完工验收,并没有开展竣工验收,也没有针对各类水务工程制定竣工验收标准性文件来指导竣工验收工作的开展。

(4) 水务工程空间管控。近年来,空间管控受到越来越多的关注,水务设施(如排水设施、调蓄池、污水处理厂等)建设表现出往地下发展的趋势,会与其他行业设施(如轨道交通设施)在空间上产生交叉,而目前全市主要关注供水工程空间保护范围,对其他水务工程及设施空间保护范围没有明确界定,不利于水务工程的保护管理。

随着城市的快速发展,土地利用越来越紧张,而水务基础设施建设需求在增加,如何在有限的土地面积范围内,进行水务设施集约化建设,提高土地利用效率,需要相关指导性文件支撑。

(5) 水源工程管理。在相关水管单位实际工作中,一方面缺少水源工程运行管理督查相关指导性文件,另一方面对于水源工程、调水工程及其设施(如大量的原水管线)的管养没有标准可参考。

(6) 水务工程创优管理。深圳市在推进水务工程高质量建设,打造水务精品工程,可以提前谋划制定深圳市水务工程创优指南,激励各建设单位提高工程质量,积极申报各类水务工程奖项。

(7) 水库管理。在实际工作中,小型水库管理可以参考《小型水库管理办法》,但是针对大中型水库缺少相关管理办法支撑。为指导深圳市众多的中小型水库调度运行,急需针对不同功能的水库制定对应的调度规程。从远期来看,深圳境内的水库要慢慢推行开放式管理,让百姓能走进水库、亲近水库,针对这种开放式管理需要提前谋划制定相应的开放式管理标准。

(8) 水库管养。目前,各水库管养单位在委托第三方开展水库、库区涵养林管养工作时没有专门的管养标准作为工作依据，制约了水库管养工作的开展，急需制定细化的水库、库区涵养林管养标准。

（9）河道管养。目前，在委托第三方开展河道管养工作时，没有专门的管养标准作为工作依据，制约了河道管养工作的开展，急需制定专门的河道管养标准。另外，对于第三方的河道管养工作质量也缺少统一的评价和考核标准。

由于在快速城市化进程中对一些河道的改造，一些辖区存在渠化的河道，渠化河道已经基本没有生态功能，既不能按照正常河道也不能按照排水设施来管理，还缺少渠化河道的管理依据。

（10）小微水体管养。小微水体分布在城市乡村的沟、渠、溪、塘等，规模小、数量多，不仅有生态涵养价值，而且大多数在居民身边，与居民生活生产关系密切，但是对于小微水体该如何管养没有明确定位，导致各区不知如何规范管理小微水体。

（11）水务设施运行维护。目前，水务设施运维主要参考国标或者行标，整体要求偏低，不能满足深圳市的高标准高质量发展要求；对于引调水工程的水工建筑物及附属设施的运行维护工作缺少标准性文件支撑，急需针对深圳实际制定各类涉水设施、水务工程、调水工程的运行维护标准。

（12）水务设施资产管理。在相关水管单位实际工作中，对于水务设施类资产如何管理（如资产如何统一编号）没有依据可遵循，制约了资产管理工作的顺利开展。

（13）标识标牌，关于标识标牌设立有多个标准性文件，如水资源处的水库标识标牌，河湖处的碧道标识标牌、慢性系统标识标牌等。水管单位不知道参照哪个标准性文件执行，需要制定统一的涉水标识标牌设立的标准性文件。

（14）安全生产标准化建设。水利部出台的安全生产标准化建设相关指导性文件较为复杂，实操性不强，建设主管部门在进行水务安全生产标准化建设时较难参照执行，需在水利部出台的相关指导性文件基础上，结合深圳实际，进一步细化制定简单易操作的深圳市水务安全生产标准化建设指导性文件。

（15）BIM 应用。BIM 技术在工程领域中的应用越来越广泛，深圳市水务工程建设领域也在推行 BIM 的应用，但是水务建设主管部门在实际工作中没有 BIM 应用的标准可参考，深圳市需率先探索制定水务工程设计、建设、验收、运维等全过程的 BIM 应用相关标准，以支撑 BIM 技术在水务工程建设领域的规范应用。

（16）智慧水务建设。智慧水务建设是信息化技术在水务领域的具体应用实践。信息化建设领域的专家对水务专业知识、水务部门工作流程不一定非常了解，需要信息化技术与水务行业信息化需求相互结合，目前缺少统一的标准性文件，是深圳市水务标准建设可先行先试的一个领域。

在顶层设计层面：需明确深圳市智慧水务系统的框架架构、具体建设要求，理清智慧水务建设部门与具体业务需求部门之间的跨部门协同工作方式，指导各水务业务需求部门参与智慧水务协同建设；明确深圳市“水务一张图”的具体建设标准，指导各水务业务部门在市规划和自然资源局发布的“国土空间一张图”上增添各自的需求。

在智慧水务具体建设层面：结合深圳市智慧水务建设要求以及信息化建设涉及的主要环节，深圳智慧水务标准规范需从信息分类编码、数据传输交换、数据存储、信息化图示表达、信息产品服务、信息化建设管理、系统运行维护、信息化建设绩效考核等八个方面进行细化制定，全面支撑深圳市智慧水务建设中信息采集处理，智慧水务系统建设、验收、运行维护，以及绩效考核等各环节工作。针对各区正在开展的物联感知系统建设工作，对于物联感知设备的选取、布设原则、运行维护需要有全市统一的标准。

（17）智慧流域管理。各流域管理中心不知如何将流域智慧管理纳入统一的智慧水务平台，需制定流域智慧管理建设指引，指导各流域中心进行流域智慧管理建设。

（18）流域调度中心建设。各流域管理中心在推进流域调度中心建设，但是目前没有统一的建设标准来指导各流域中心进行规范的流域调度中心建设。

（19）水文资料管理。全市水情信息、水文资料的收集、处理、分析、汇交、发布与汇编工作可参考的标准性文件较少，需针对深圳市实际，制定水文基础资料不同处理环节的标准性文件，以指导水文基础资料的保存和利用。

针对全市水文数据库的运维管理，以及水文水资源信息系统的规划、建设目前可参考的标准性文件较少，需制定相关的指导性文件，以规范水文数据库的管理和水文水资源信息系统规划建设。

(20) 财务管理。目前，市水务局部门预算的编制没有统一的规范可参考，需制定深圳市水务局年度经费预算编制指南等相关的标准性文件，为纳入集中核算单位提供预算编制指导。

(21) 水行政执法。目前，对于各区或者委托第三方开展的水行政执法案件质量是否符合相关法律法规要求缺少统一量化的评价标准，需制定相关指导性文件规范水行政执法工作。

各区水务局科室设置不完全相同，为做到水行政执法案件调查、处罚、法制审核相分离，需市水务局统一水务行政处罚程序。

(22) 应诉管理。市水务局相关部门被投诉时，处室单位不知如何应诉，不清楚应该准备哪些应诉材料，对于应诉工作没有相关标准性文件可以参考，需制定类似“应诉模板”类的标准性文件，指导各部门依法开展应诉工作。

(23) 管养监理单位管理。目前在实际工作中，对于管养监理单位的选取标准参考的是施工监理单位的选取标准，对于管养监理单位的资质没有统一的规范要求。

(24) 参建方职责界定。一些新型工程建设模式(如 PPP、EPC、全过程咨询等)，在工程建设的全过程中有多方参与，水务建设主管部门对于参建各方的职责界定不是很清晰，不清楚自身在其中的角色定位，这制约了水务建设主管部门参与工程建设管理工作，需制定相关标准性文件界定参建各方的职责。

(25) 深圳重点区域水务工程建设。为在更高起点、更高层次、更高水平上推进本市重点区域水务工程建设，确立有关建设标准和设计指引，打造精品水务工程项目，缔造高质量发展高地和可持续发展先锋，建设宜业宜居的现代化国际化创新型城市典范，需对重点区域水务工程(包括水系、污水处理设施、排水管渠、排涝泵站、海绵设施等)规划设计建设提出相应的技术要求，制定高品质建设水务系统的设计导则。

6.4.6 水文化

（1）深圳文化资源

深圳市的历史文化资源分布广泛、类型丰富，文化设施分布较密集、品类较多。深圳市的历史源远流长，早在新石器时代中期就有人类繁衍生息，留存了不少历史文化。深圳因水而名，依水而建，历经岁月变换，从“深水沟”发展成为“深圳墟”，再由“深圳墟”蝶变成为深圳市，历史文化资源丰富，形成了岭南文化、海防文化、客家文化、改革开放文化和移民文化等多种类型的文化。截至 2018 年末，深圳市拥有各类公共图书馆 650 座，博物馆、纪念馆 50 座，美术馆 11 座，拥有广播电台 1 座、电视台 2 座、广播电视中心 3 座。

从人文资源在深圳流域水系的分布来看，深圳湾水系的新洲河、深圳河流域的深圳河及布吉河滨水区人文资源要素密集，布局了较多高能级的图书、会展、博览设施，庙堂、公祠、古建等人文景点，以及区级、社区级的文化活动设施，滨河地区人文气息比较浓厚。前海湾、西乡河、龙岗河中上游段，茅洲河中游段的滨水区也汇集了一些人文游憩资源。这些城市中宝贵的人文资源都值得我们去挖掘、保护和继承。

（2）水文化保护继承弘扬

人类社会在长期与水的接触中，形成了与水不可分离的密切关系，河流、海洋和湖泊等水域景观以及所发生的各种自然现象对人的感官产生刺激，人们对这种刺激会产生感受、联想和活动，由此通过各种文化载体所表现出来的实物和活动都可以称为水文化。

借鉴伦敦泰晤士河、巴黎塞纳河、新加坡新加坡河等河道整治案例，我们可以发现，世界级滨水区与水文化的关系具有如下特点：①它是城市发展的原点。对滨水区沿岸历史文化资源的挖掘与保护，有助于解读城市的发展历程，提升城市独特的文化魅力。②它是城市人文精神的空间载体。世界级滨水区在历史沉积的基础上形成了独特的文化定位。结合不同区段所承担的不同功能，形成多样的地域主题，并与城市发展紧密相连。③它是城市公共生活的舞台。世界级滨水区需要引入现代的、创新的、多元的文化内容，形成与历史相交融的氛围，为城市活力与人文情感的回归创造条件。

茅洲河水文化是深圳市代表性水文化之一。茅洲河位于深圳市西北部的宝安区，发源于深圳市境内的羊台山北麓，自东南向西北流经石岩、公明、光明、松岗、沙井5个街道，在沙井民主村汇入珠江口伶仃洋，是深圳市境内最长、流域面积最大的河流。茅洲河流域由于独特的地理位置和数千年岭南文化的传承，形成了地域性较强的水文化。茅洲河流域水文化的形成主要有3个源头：古代的百越族、中原文化和海洋文化。各种不同性质、不同形态的异域文化因素，成为流域水文化的有机构成，在数千年的历史演变中，形成了包容、务实和进取的精神。伴随着快速城市化进程，水文化出现了断裂和逐渐消失的危机，水文化的保护、传承与弘扬已迫在眉睫。

在治水中，如何与深圳市丰富的历史文化资源、文化设施进行融合，打造缤纷荟萃的滨水文化系统，向世界展示深圳特色的水文化，需要深圳市先行探索制定相关标准性文件，提升水务工程、水务设施、滨水空间的文化特色，加强水文化的保护、传承和弘扬。

6.4.7　水景观

（1）水务设施景观化

人们的生活水平和审美随着社会经济的发展不断提高，对生活环境条件的要求也越来越高，要求城市中的建筑物不但要实用，更要环保、美观，水务工程的发展更是如此，其水务功能和景观工程的设计都尤为重要。深圳市已建设了大量的水务工程建（构）筑物，在城市的不同区域皆有分布。但是，目前大部分的水务工程建（构）筑物只注重水务功能的建设，而忽视了其与周围景观、文化环境等相融合的外观设计，使其“景观工程”的功能属性不但没有表现出来，还破坏了城市的整体美感。如何在分析深圳市不同区域景观风格特色的基础上，优化水务工程建（构）筑物在外观造型、色彩等方面的艺术表现形式，以达到水务工程建（构）筑物外观与周围景观相互融合，发挥水务工程建（构）筑物的“景观工程”功能，需要深圳市先行探索制定相关标准性文件。

（2）滨水景观打造

新加坡滨海湾花园是世界级滨水景观空间打造的代表之一。滨海湾花园位于新加坡中心地区，是新加坡国家公园局为了达到“花园城市”目标而开展的重大举措，占地 101 hm^2，由 3 块环绕滨海蓄水池的滨海花园构成。滨海湾花园以本土、共生、永续为理念，运用现代先进的技术手段和艺术创造手法淋漓尽致地展现当地特色，运用高科技手法充分表现出花园规划与城市发展密不可分的关系。尤其是滨海南花园，各个景点都竭力规划和设计能源和水的可持续性循环。滨海湾花园作为一个示范项目，展示新加坡作为花园中的热带城市的精髓，打造适宜居住、工作和娱乐的完美环境，同时提升了狮城的旅游竞争力。新加坡滨海湾花园构建的主要做法：①风格化建筑物创造惊喜岸线。造型模仿新加坡国花并采用节能表皮的滨海冷室、具有未来主义特征并用作收集太阳能和排烟管的擎天大树，形成具有强烈视觉吸引力的滨海岸线。②天然过滤系统引入海水进行节水造景。利用滨海蓄水池的海水水体造景，通过多个相连水体进行循环净化，经过过滤床溢流至滨海水道，保持良好的池水生态系统。③垂直植物造景营造生态花园景观。采用土工合成材料加筋挡土墙构造绿植基底，框架构造的垂直面板便于维护和调整植栽的变化，创造了替代混凝土的生态表皮。

滨水休闲空间的打造对城市环境品质的提升起到举足轻重的作用，滨水空间建设应向景观化、园林化、公园化等方面打造。深圳市滨水人文资源丰富，拥有良好的游憩景观资源，未来城市发展将打造儿童友好、人才友好、老年友好、国际友好的全民友好型城市。围绕深圳市河、湖、海，可以打造“儿童能嬉戏、老人能散步、青年能休闲、外宾能感知”的高品质活力滨水空间网络，使滨水空间成为深圳市民休闲游憩的好去处，体现“还水于民”的理念。结合深圳滨水空间特色，如何提升滨水空间景观化水平，打造具有深圳特色的世界级高品质滨水景观休闲空间，需要深圳先行探索制定滨水景观建设相关标准性文件。

6.4.8 水经济

“绿水青山就是金山银山”的“两山”理论是习近平生态文明思想的重要内涵，指明了治水与经济发展之间的关系。为了促进生态环境保护和经济发展的良性互动，各地区、各行业和各领域都在探索“绿水青山就是金山银山”的转化路径和方法，建立健全生态产品的经济价值实现机制，增强内部造血能力，将生态效益最大化地转化为长远的经济效益，用生态环境的自然孳息回报政府、企业和社会在生态保护和生态建设方面巨大的投入。

浙江省丽水市多年来坚持走绿色发展道路，坚定不移地保护绿水青山这个“金饭碗”，努力把绿水青山蕴含的生态产品价值转化为金山银山，生态环境质量、发展进程指数、农民收入增幅多年位居全省第一，实现了生态文明建设、脱贫攻坚、乡村振兴协同推进。浙江省丽水市的绿色发展道路是“两山”理论创新实践的典型代表之一。2019 年 3 月，浙江省政府办公厅印发《关于印发浙江(丽水)生态产品价值实现机制试点方案的通知》，总结了丽水市将绿水青山转化为金山银山的经验，提出了工作目标：①形成多条示范全国的生态产品价值实现路径。聚焦生态农业、生态工业、生态旅游业、健康养生业等，形成多条生态产品价值实现路径。②形成一套科学合理的生态产品价值核算评估体系。以维系生态系统原真性和完整性为导向，建立一套科学、合理、可操作的生态产品价值核算评估体系。③建立一套行之有效的生态产品价值实现制度体系。围绕自然资源资产产权制度改革、生态产品政府采购、生态产品交易市场培育、生态产品质量认证、绩效评价考核和责任追究等方面，探索形成可复制、可推广的制度体系。

在浙江等地经验的基础上，中共中央办公厅和国务院办公厅于 2019 年 5 月联合印发《国家生态文明试验区(海南)实施方案》，提出将海南省建设为生态价值实现机制试验区，即探索生态产品价值实现机制，增强自我造血功能和发展能力，实现生态文明建设、生态产业化、脱贫攻坚、乡村振兴协同推进，努力把绿水青山所蕴含的生态产品价值转化为金山银山。

“绿水青山就是金山银山”，治水可以带动社会经济的发展，世界上著名的大湾区经济发展都离不开水，需统筹流域内的社会经济与水治理工作，充分实现“水产城”共治。以治水为先导，以治城提升城市服务功能、促进产业转型升级，促进“水产城”共治，提升滨水空间环境品质，激发流域土地与空间价值，为人民提供优质的就业岗位和就业空间，打造滨水高质量发展的经济带。

深圳作为粤港澳大湾区的核心城市，对于水经济的探索尚处于起步阶段。结合深圳治水和社会经济发展实际，如何在水环境治理、水生态修复之后，充分挖掘实现世界级大湾区水生态产品价值；科学合理评估水生态产品价值；如何通过水治理，促进流域内社会经济发展，打造具有深圳特色的水城融合的产业系统，需要深圳先行探索制定相关指导性文件。

第 7 章
深圳市水务标准体系建设建议

在国内外发达城市水务标准体系研究的基础上，结合深圳市水务标准体系现状及先进对标研究，提出深圳市水务标准体系架构优化建议，结合深圳市“十四五”和近年水务建设工作重点，提出“十四五”、近两年水务标准建设任务建议，以及水务标准管理工作建议。

7.1　标准体系建设原则

标准体系建设的原则是标准体系建设需要遵循的总要求，是标准体系建设的思维框架，对标准体系建设起优化引导作用、质量保障作用、水平提升作用、效果保证作用。标准体系建设主要遵循以下原则。

（1）开放性原则

开放性原则是通过引导将标准体系建成一个可吸纳其他适用标准的体系。遵循开放性原则有利于充分利用已有的标准资源，避免标准重复制定的人力和财力的浪费，有利于快速获得所需标准，支持标准体系的快速发展。

（2）协调性原则

与有关法律法规、方针政策、标准体系相一致；与生产实践以及科技创新成果相协调；理顺标准相互之间、标准内部之间的逻辑关系；处理好标准与行政文件、政府标准与市场标准的关系。

（3）先进性原则

先进性原则要求标准体系要不断提高水平，促进标准化对象技术水平、管理水平和工作水平的提高，主要通过内外两个渠道来落实：一是将国内相关适用的先进标准纳入标准体系中；二是将国外先进的相关标准列入拟采用的标准对象，以实现标准水平与国际先进水平接轨。

（4）系统性原则

科学界定水务技术标准的内涵与外延，在深圳市水务局职责内的业务领域制定标准，全面优化水务技术标准体系，全方位提供标准化工作支撑，服务深圳市水务建设工作。

（5）实用性原则

紧密围绕水利改革发展新形势、新任务、新要求，确保水务标准项目“确有需要，管用实用”，合理确定标准需求，并与深圳市水务发展规划有效衔接，为水务建设和管理工作提供支撑。

7.2 水务标准体系架构优化建议

在深圳市现有水务标准体系框架和遵循标准体系建设原则的基础上，结合深圳市水务高度城市化、“十四五”重点发展领域、标准建设薄弱领域等情况，突出重点和特点，提出优化调整深圳水务标准体系框架的建议。优化后的深圳水务标准体系框架仍然由层次、专业门类、功能序列三维构成，对其中的具体分类进行了优化调整，优化后的水务标准体系框架结构见图 7-1。

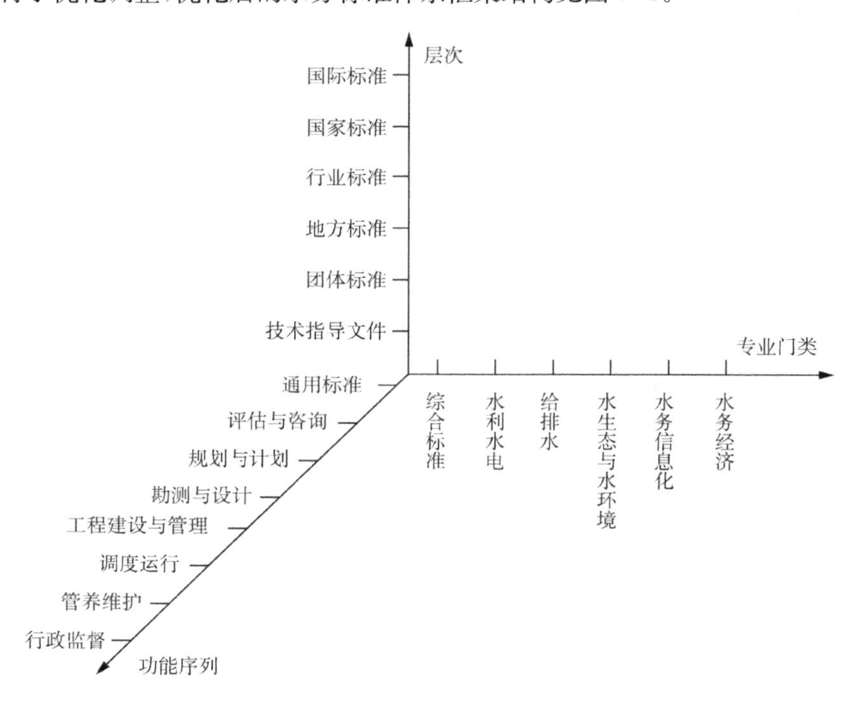

图 7-1　优化后的水务标准体系框架结构图

7.2.1 层次维度

把深圳市水务局编制的大量技术指导文件纳入标准体系的管理中，构建国际标准(含国外先进标准)、国家标准、行业标准、地方标准、团队标准、技术指导文件 6 个层次,形成“前期技术文件—中国标准—国际标准”的标准全过程发展管理,见图 7-2,具体分类见表 7-1。

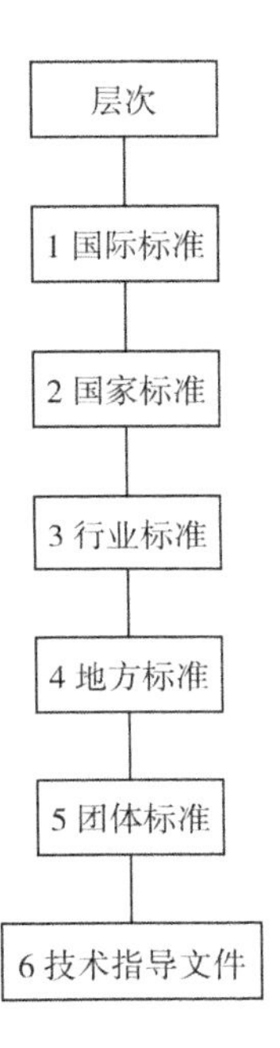

图 7-2　优化后的水务标准体系层次

表 7-1　优化后的水务标准体系层次说明表

层次	序号	标准代号	说明
国际标准	1	ISO、BSI、JIS、DIN、ANSI、世界卫生组织等	国际标准及国外先进标准
国家标准	2	GB、GB/T、JJG、JJF 等	国家标准
		GBJ、GBJ/T	原国家基本建设委员会审批、发布的标准
行业标准	3	SL	水利部行业标准
		JG、(JGJ、JGJ/T)、JJG	建筑工业行业标准,括号内为原标准代号
		CJ、CJ/T、CJJ、CJJ/T	城镇建设行业标准
		JC、JC/T、JCJ	建筑材料行业标准
		HJ、HJ/T	环境保护行业标准

续表

层次	序号	标准代号	说明
行业标准	3	DL、DL/T、SD、SDJ	电力工业行业标准
		JTJ	原交通部行业标准
		SY、SY/T、SYJ	石油天然气及石油化学工业总公司行业标准
		HG、HG/T	化学工业行业标准
		JB	机械工业行业标准
		QB	轻工业行业标准
		NB	能源行业标准
地方标准（包括广东省地方标准、深圳市地方标准、深圳经济特区技术规范、深圳市标准化指导性技术文件、深圳市工程建设标准）	4	DB 44/T	广东省地方标准
		DB 4403/T	深圳市地方标准
		SZJG	深圳经济特区技术规范
		SZDB/Z	深圳市标准化指导性技术文件
		SJG	深圳市工程建设标准（深圳市水务局、深圳市住建局联合发布标准）
团体标准	5	CECS、CWEA、CHES	中国工程建设协会、中国水利工程协会、中国水利学会等发布的标准
技术指导文件	6	深圳市水务局出台的技术指引、工作指引、管理规程等	

7.2.2 专业门类维度

对现有标准体系专业门类分类进行了调整，形成包含 A 综合标准、B 水利水电、C 给排水、D 水生态与水环境、E 水务信息化、F 水务经济等 6 个一级专业门类、20 个二级专业门类，见图 7-3，具体分类见表 7-2。

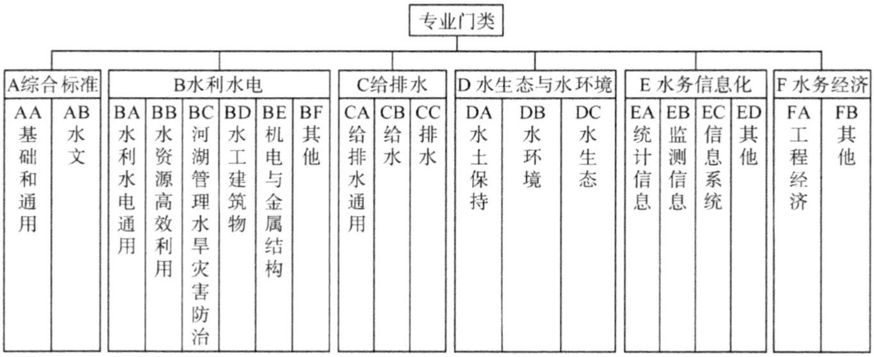

图 7-3 优化后的水务标准体系专业门类

表 7-2　优化后的水务标准体系专业门类说明表

一级	二级	范围与解释说明
A 综合标准	AA 基础通用	在行政管理上涉及 2 个及以上行业(部门)的基础和通用标准
	AB 水文	站网布设、水文监测、水情预报、资料整编、水文仪器设备等，包括城市水文、数学模型及相关的水力学分析计算等(全部专业、阶段)
B 水利水电	BA 水利水电通用	涉及 2 个及以上的专业的通用标准
	BB 水资源高效利用	水资源调查开发利用保护，水量分配和调度，水资源论证，水功能区划与管理，水库枢纽，引调水及原水供水，取水许可、节约用水，节水产品，再生水利用、海水利用等
	BC 河湖管理和水旱灾害防治	流域治理，水系联通；河湖水域岸线管理；河道管理范围内建设项目及设施管理；河湖疏浚治理以及维护管理；洪涝潮防治及标准，洪水、水情干旱预警防治，防汛调度及应急处置，灾害防治措施，灾情评估，风险评价，河道、滞洪区、海堤、河口滩涂建设管理等
	BD 水工建筑物	基础工程、堤防、水库大坝、水闸、泵站、水电站、箱涵、隧洞、渡槽、其他水工建筑物等
	BE 机电与金属结构	水力机械、电机、电气设备、发输配电、计算机监控系统及自动化、水工金属结构、阀等
	BF 其他	(深汕合作区)移民、农田水利等；管材
C 给排水	CA 给排水通用	涉及给水和排水 2 个专业的通用标准
	CB 给水	净水厂、输配水管网、水质监测、公用设备等
	CC 排水	污水厂、水质净化设施、雨水排水管网、污水排水管网、水质监测、公用设备等
D 水生态与水环境	DA 水土保持	水土保持监测、水土流失治理、水土保持植物措施、水土保持区划、土壤侵蚀、水土流失、重点防治区划分等
	DB 水环境	水污染治理、污泥处置、水环境监测、水环境保护等
	DC 水生态	河湖湿地；水生态修复与保育、海绵城市、绿道与碧道、水利风景区、生态景观等
E 水务信息化	EA 统计信息	经济社会、水务发展、生态环境、市政城建、国土资源等
	EB 监测信息	水量、水质、水生态、工程监测、遥感监测、雷达监测等
	EC 信息系统	数据库、云平台、应用决策系统等
	ED 其他	BIM 技术等
F 水务经济	FA 工程经济	工程造价、工程定额等
	FB 其他	管养运行、生态补偿、水生态产品价值等

7.2.3 功能序列维度

对现有标准体系功能序列分类进行了调整，形成包含1通用标准、2评估与咨询、3规划与计划、4勘测与设计、5工程建设与管理、6调度运行、7管养维护、8行政监督等8个一级功能序列、20个二级功能序列，见图7-4，具体分类见表7-3。

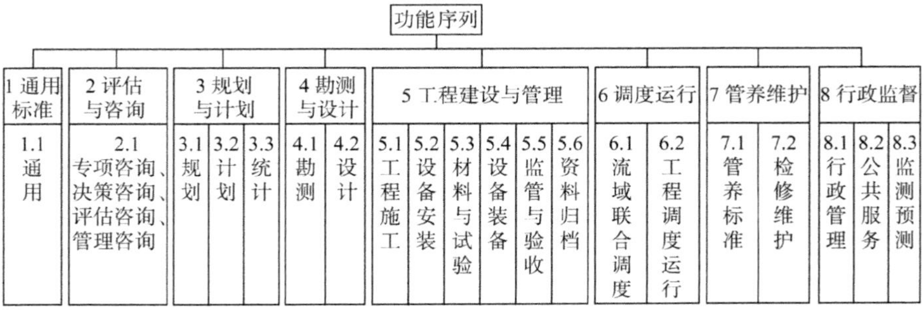

功能序列

1 通用标准	2 评估与咨询	3 规划与计划			4 勘测与设计		5 工程建设与管理						6 调度运行		7 管养维护		8 行政监督		
1.1 通用	2.1 专项咨询、决策咨询、评估咨询、管理咨询	3.1 规划	3.2 计划	3.3 统计	4.1 勘测	4.2 设计	5.1 工程施工	5.2 设备安装	5.3 材料与试验	5.4 设备装备	5.5 监管与验收	5.6 资料归档	6.1 流域联合调度	6.2 工程调度运行	7.1 管养标准	7.2 检修维护	8.1 行政管理	8.2 公共服务	8.3 监测预测

图7-4 优化后的水务标准体系功能序列

表7-3 优化后的水务标准体系功能序列说明表

一级	二级	范围及解释说明
1 通用标准	1.1 通用	标准化工作导则、术语标准、代码标准、计量单位及符号
2 评估与咨询	2.1 专项咨询、决策咨询、评估咨询、管理咨询	专题研究、专题调研类专项咨询(包括规划前期研究);项目建议书编制与评估、可行性研究编制与评估、项目和投资风险评估;项目技术审查、造价编制与审查、环境与生态影响评价、节能评估、社会与经济评价;项目后评价、洪水及水工程影响评价、招投标咨询、管理咨询等
3 规划与计划	3.1 规划	总体规划,分区规划,控制性、修建性详细规划,专项规划,地下空间开发利用规划,工程规划,规划监督管理等
	3.2 计划	中长期计划、年度计划等
	3.3 统计	工程统计、投资统计等
4 勘测与设计	4.1 勘测	测绘,工程地质勘察,水文地质勘察,勘测仪器设备,土工及岩土力学试验评价,地基、地震、岩土等
	4.2 设计	水库枢纽、引调水、防洪排涝、河道整治、水力发电、水文设施、水土保持、给水排水、水污染治理、岩土工程、生态景观、机电及信息化、工程及设施模(原)型试验、厂房及办公等附属建筑物等工程设计

续表

一级	二级	范围及解释说明
5 工程建设与管理	5.1 工程施工	施工通用技术、土建工程施工、安全监测、文明施工等
	5.2 设备安装	机电及设备安装、金属结构制作与安装等
	5.3 材料与试验	混凝土、管材、建材、构配件、样品、检验检测仪器、检测与试验等
	5.4 设备装备	工程机械，施工机械，仪器仪表，设备及装置的计量、检定、校验等
	5.5 监管与验收	项目管理(含施工监理)，质量评定，阶段验收、专项验收、完工验收、竣工验收等
	5.6 资料归档	在职能活动中形成的、办理完毕的，应作为档案保存的各种纸质、电子等媒介文件材料
6 调度运行	6.1 流域联合调度	洪水调度、供水调度、生态调度、跨流域多功能联合调度等
	6.2 工程调度运行	水库水闸、涵闸泵站、输水供水、污水处理等水务工程的调度运行方案、计划、操作等
7 管养维护	7.1 管养标准	管养定额、管养水平、移交标准、资金筹措等
	7.2 检修维护	检修维护、降等报废、安全鉴定等
8 行政监督	8.1 行政管理	行政许可、行政审批、行政监管、行政执法、资信监管等
	8.2 公共服务	窗口服务、热线服务、应急抢险、信息公开、减灾救援、劳动卫生与人员安全等
	8.3 监测预测	监测、观测，测量，调查，统计分析，预测、预报等

7.3　深圳市水务标准制修订任务

结合深圳市现状水务标准体系存在的不足、各处室单位标准编制需求调研结果以及未来水务发展需求，按照“急需先建”原则，从水生态、水安全、水保障、水环境、水文化、水景观、水管理、水经济等“八水”方面提出深圳市水务标准制修订总体任务建议。

本次研究中，“标准”文件是广义的术语，包括国际标准、国家标准、行业标准、团体标准、深圳市地方水务标准，以及以水务部门名义发布的指引、指南、规范、规程、导则、技术要求、操作指南等指导性技术文件。

按照前期工作积累成熟度从高到低的顺序，标准制修订分为“修、新、指”三个层次。

(1)“修”——地方标准修订。已经发布的深圳市地方水务标准由于时间太久,不满足新时期水务发展要求,需结合新要求进行修订的。

(2)“新”——制定新的地方标准。分为两个方面:① 前期以市水务局名义发布的指导性技术文件经过实践后,具备转化上升为地方水务标准的条件,按照水务标准的编制要求,将其细化以地方标准的形式发布。② 在前期工作积累比较成熟,具备直接制定地方水务标准的领域,按照水务标准的编制要求,直接开展地方标准制定。

(3)“指”——制定指导性技术文件。前期工作积累还不够成熟的领域,但又急需相关指导性文件来支撑工作的开展,先以市水务局名义制定发布指导性技术文件,在实践中针对遇到的问题不断完善指导性文件。

7.3.1 水安全

(1) 城市防洪治涝标准。制定深圳市防洪(潮)标准、治涝标准,明确不同分区防洪(潮)、治涝建设标准,以及城市排水管网设计暴雨重现期标准(制定新的地方标准)。

(2) 流域防洪调度方案编制。流域管理中心成立后,各流域中心需编制流域防洪调度方案,需制定流域防洪调度方案编制指南,为各流域中心科学编制流域防洪调度方案提供依据(制定指导性技术文件)。

(3) 水文应急响应。为指导极端水(雨)情应急响应工作的开展,制定深圳市极端水(雨)情测报应急响应规定(制定指导性技术文件)。

(4) 水毁工程认定。结合深圳实际,编制水毁工程认定管理指南,为水毁工程认定提供依据(制定指导性技术文件)。

(5) 建设项目配建防洪排涝设施。针对深圳市山地开挖施工项目防洪排涝设施建设存在的安全隐患,编制建设项目配建防洪排涝设施技术指引,规范和指导项目区外防洪排涝设施建设,避免不规范建设带来防洪安全隐患(制定指导性技术文件)。

(6) 山塘防洪安全管理。借鉴浙江省出台的《浙江省山塘安全管理办法》,结合深圳实际,编制深圳市山塘安全管理技术指引,为加强山塘安全管理,保障山塘安全正常运行及下游防汛安全,发挥山塘效能提供支撑(制定指导性技术文件)。

（7）城市水文监测与分析计算。针对深圳市在快速城市化进程中城市下垫面的快速变化，以及受极端气候频发的影响，为指导城市水文监测工作的开展，提高水文情报预报、水文分析计算工作的精度，结合深圳市特点，制定城市水文监测技术指引，为水文情报预报、水文分析计算工作提供更全面、准确的基础数据；在获取水文基础数据的基础上，再制定深圳市水文分析计算和水文情报预报技术规范（制定指导性技术文件）。

（8）水库除险加固。制定深圳市土石坝除险加固技术指引，规范和指导全市病险水库除险加固和拆除重建工作（制定指导性技术文件）。

（9）水文应急监测。为了做好各种突发水事件的应急监测工作，制定深圳市水文应急监测技术规范（制定新的地方标准）。

（10）立体防洪排涝体系构建。在深圳市立体防洪排涝体系基本形成后，总结相关工作经验，制定立体防洪排涝体系构建技术指引（制定指导性技术文件）。

（11）水务设施防雷。深圳市是雷电活动和雷击灾害的多发地区，而每年汛期又是雷电活动和雷击灾害的多发季节，水利工程管理单位多处于旷野、河岸和低洼地区，水工建筑物较为突出，容易遭受雷击侵害。为保证水务工程的防雷工程质量，解决本市水务工程管理中的难点问题，需制定深圳市水务设施防雷技术要求（制定新的地方标准）。

7.3.2　水保障

（1）水源地安全：水源地保护技术规程。针对深圳市城市水源地特点以及潜在的污染风险，制定详细的水源地保护技术规程，指导水源地安全保障工作的开展，确保水源地安全（制定新的地方标准）。

（2）水源地保护区划分：饮用水水源保护区划分技术指引。针对深圳市城市水源地特点，制定深圳市饮用水水源保护区划分技术指引，指导水源地保护区划分或者调整（制定新的地方标准）。

（3）供水。

修订《深圳经济特区城市供水用水条例》，明确提出对供水企业抄表大户的要求（修订法律法规）。

修订《优质饮用水工程技术规程》(SJG 16—2017)(修订地方标准)。

修订《市政供水水质检查技术规范》(SZDB/Z 115—2014)(修订地方标准)。

结合深圳市城市供水厂和管网实际,制定供水厂、供水管网安全运行管理规程,规范供水厂和管网安全运行管理工作(制定新的地方标准,水源供水处);针对供水行业风险管控,制定深圳市供水行业(自来水厂)风险评估管控指引(制定新的地方标准)。

为了降低管网漏失率,提前发现管网漏失现象,编制供水管网检漏工作技术指引,以规范供水管网漏失检测工作(制定新的地方标准)。

针对公共场所供水,制定公共场所饮用水水处理设备卫生管理规范、公共场所供水设施评估与改造指引(制定指导性技术文件)。

针对存量二次供水设施,编制存量二次供水设施验收移交工作指引,指导解决存量二次供水设施验收移交问题(制定指导性技术文件)。

(4) 用水安全。为指导城市居民安全用水,管控饮用水水质安全风险,制定居民安全用水指导导则,饮用水水质安全风险控制规程(制定新的地方标准)。

(5) 非传统水资源利用。

结合工作中遇到的问题和新要求,修订《深圳市再生水利用管理办法》(修订法律法规,节水办);修订《再生水、雨水利用水质规范》(SZJG 32—2010)(修订地方标准)。

根据深圳市可利用再生水的行业,编制再生水用于不同行业的分质供水水质要求,以及再生水安全利用导则,助力再生水利用的推广(制定新的地方标准)。

(6) 用水统计。针对深圳市用水的实际情况,编制深圳市用水总量统计技术指南,规范指导全区用水总量统计工作(制定新的地方标准)。

(7) 节水管理。

针对在实践中遇到的问题,修订《单位用户水量平衡测试技术指南》(SZDB/Z 34—2011)(修订地方标准)。

用水定额。结合深圳实际,编制深圳市用水定额编制导则,为各类用水定额编制提供统一指导(制定新的地方标准);制定工业、农业、生活、服务业、建筑业、生态等各行业全覆盖的用水定额标准,为各类用水节水评价提供依据(制定新的地方标准);编制用水定额实施监督管理办法,加强用水定额执行管理(制定指导性技术文件)。

节水载体建设。制定深圳市节水型单位、学校、企业、小区等各类节水载体的节水评价指标体系和评价标准(制定新的地方标准);编制节水载体建成后的监督管理办法,规范节水载体建设(制定指导性技术文件)。

合同节水。编制合同节水实施细则,推进合同节水在深圳的实施(制定指导性技术文件)。

水效领跑者。制定深圳市重点用水企业水效领跑者引领行动实施细则,规范和指导用水企业申报水效领跑者(制定指导性技术文件)。

节水产品认证与市场准入。制定深圳市节水产品认证与市场准入制度,加强节水产品认证与标识管理(制定指导性技术文件)。

(8) 水资源论证管理。

根据最新节水要求,修订《建设项目用水节水评估报告编制规范》(SZDB/Z 27—2010)(修订地方标准)。

制定更高标准的深圳市规划和建设项目水资源论证技术指南以及节水评价技术要求,支撑节水典范城市建设(制定新的地方标准);编制建设项目用水节水评估事后监管办法,加强用水节水监管工作(制定指导性技术文件)。

(9) 最严格水资源管理制度考核。结合深圳实际,制定深圳市最严格水资源管理制度考核工作指南,指导各区考核工作的开展(制定指导性技术文件)。

(10) 水量流量计。编制水量计量设备技术要求,明确水量计量设备技术指标水平,为水量计量设备的选取提供依据(制定指导性技术文件)。

(11) 取水许可电子证照。编制取水许可电子证照审批管理办法,规范取水许可电子证照审批管理(制定指导性技术文件)。

(12) 水资源费征收管理。细化深圳市水资源费收取办法,明确水资源费滞纳金征收管理以及长期超计划用水户监管要求(修编规范性文件)。

(13) 深层水工隧洞。为规范全市深层水工隧洞设计,做到安全适用、经济合理、技术先进，制定深圳市深层水工隧洞设计指引（制定指导性技术文件）。

7.3.3 水环境

（1）排水。

①排水管网。根据深圳市高标准管护要求，修订《排水管网维护管理质量标准》（SZDB/Z 25—2009）（修订地方标准）。

根据地方标准编制要求，将深圳市污水管网建设通用技术要求、建筑小区排水管渠维护管理质量标准（试行）、排水管网动态在线监测技术规程三项指导性技术文件转化为地方标准（指导性技术文件转化为地方标准）。

为提高深圳市排水管网建设运行水平，制定深圳市排水管网管材选取、验收以及病险检测与监测等环节的技术标准（制定新的标准）。

②排水管理。经过一定时间实践后，根据水务地方标准编制要求，将深圳市建设项目排水施工方案审批技术指引（试行）、深圳市非工业排水预处理设施设置指引（试行）、深圳市正本清源工作技术指南（试行）、深圳市雨污分流管网和正本清源验收移交及运维工作指引（试行）、深圳市排水系统雨（清）污混接调查技术导则（试行）、深圳市排水管网正本清源工程质量评价标准、深圳市排水达标单位（小区）验收标准 7 项指导性技术文件转化为地方标准（指导性技术文件转化为地方标准）。

在《盐田区新建小区供排水设施的建设全流程管控体系》的基础上，编制深圳市小区供排水设施建设全过程管控指引，用于指导全市新建小区供排水设施的建设、验收、移交，规范全市新建小区供排水设施建设，避免建成后出现移交难问题（制定指导性技术文件）。

制定市政排水系统臭气处理技术规程、臭气处理设施运行维护管理技术规程，指导和规范全市排水系统臭气处理问题及相关设施的运维管理工作（制定新的标准）。

（2）污水、污泥处理厂。

根据深圳市高质量高标准发展要求，编制深圳市污泥处理厂建设、验收技术指引，指导市区污泥处理厂建设管理工作；编制高标准水质净化厂建设技术指引，推进新建水质净化厂高标准建设；编制污泥深度脱水减量技术指引，指导和规范全市污泥深度脱水工作（制定指导性技术文件）。

（3）暗涵整治。尽快编制深圳市排水暗涵运维技术指引，为暗涵运维管理提供支撑（制定指导性技术文件）；后期根据水务地方标准编制要求，将深圳市暗涵水环境整治技术指南、深圳市排水暗涵安全检测与评估暂行指南、深圳市排水暗涵运维技术指引整合为深圳市暗涵整治技术指南一项地方标准，其中内容涉及暗涵水环境整治，结构安全检测、除险加固以及运维等（指导性技术文件转化为地方标准）。

（4）再生水厂。结合深圳实际，制定再生水厂建设技术规程及再生水厂评价指标体系，指导再生水厂建设及评价工作（制定指导性技术文件）。

（5）调蓄池运行维护。深圳市已建成亚洲第二大雨污中转站——上下村调蓄池，并投入使用，未来还将建设多个调蓄池，用于调蓄初期雨水，防止混流雨污水溢流污染河道，对稳定河道水质至关重要。建成投入使用后，需编制深圳市调蓄池运行维护规范，保障调蓄池长效运行（制定指导性技术文件）。

（6）原水水质应急响应。制定原水水质预警应急响应规定，当原水水质监测出现预警信号后，为各水管单位提供应急响应指导（制定指导性技术文件）。

（7）城市初期雨水截流。制定深圳市初期雨水治理截流标准，统一全市截流行动标准（制定新的地方标准）。

（8）污水处理提质增效。经过一定时间实践后，根据水务地方标准编制要求，将深圳市污水处理提质增效"一厂一策"系统化整治方案编制技术指南（试行）转化为地方标准（指导性技术文件转化为地方标准）。

（9）厂容环境提升。为提升城市污水、污泥处理厂环境品质，制定深圳市厂容环境品质提升技术指引，助力打造集功能性、教育性、观赏性于一体的现代化、公园式水质净化、污泥处理厂（制定指导性技术文件）。

7.3.4　水生态

（1）水生态保护修复。

结合边坡生态防护技术的发展和最新的生态保护要求，修订《边坡生态防护技术指南》(SZDB/Z 31—2010)(修订地方标准)。

经过一定时间实践后，根据水务地方标准编制要求，将深圳市河湖生态修复设计导则、深圳市四河一湖碧道生态调查与生物多样性保护提升指引、深圳市河道水环境治理污染底泥清淤工程设计与施工技术指引3项指引导则转化为地方标准(指导性技术文件转化为地方标准)。

编制深圳市雨源型河流水生态修复评估技术指引，为水生态修复效果评价提供支撑(制定指导性技术文件)。

(2) 海绵城市建设。经过一定时间实践后，根据水务地方标准编制要求，将深圳市海绵城市建设水务实施规划与指引、深圳市水务类海绵城市施工图设计审查要点、深圳市水务工程项目海绵城市建设技术指引、深圳市建设项目海绵设施验收技术规程4个指导性技术文件转化为地方标准(指导性技术文件转化为地方标准)。

为深入推进海绵城市建设，建议从立法层面，将《深圳市海绵城市建设管理暂行办法》(2018年，有效期3年)上升为政府规章，制定具有较强法律效力的政府规章，以统筹海绵城市规划、建设、管理以及协调各部门履行工作职责等(修订法律法规)。

经过一定时间运行后，总结管理经验，编制海绵城市设施运维管理规范，为海绵城市设施长效运行提供支撑(制定指导性技术文件)。

(3) 水源地涵养林建设。结合深圳城市水源地特点，编制深圳市城市水源涵养林建设指南，指导水源涵养林建设工作(制定新的地方标准)。

(4) 水土流失监测、预报。针对深圳市人为水土流失特点，制定水土流失定量监测、预报技术规程，为管控人为水土流失提供支撑(制定新的地方标准)。

(5) 河道综合整治。针对深圳市雨源型城市河道特点，在总结河道治理成效的基础上，制定深圳市河道综合整治与长效管理导则，规范河道治理和长效管理工作(制定新的地方标准)。

(6) 河道管理范围线划定。结合在河道管理范围线划定过程中存在的问题，制定深圳市河道管理范围线划定导则，指导河道管理范围线的划定或者调整工作(制定新的地方标准)。

(7) 碧道建设。在碧道建设起步阶段,编制碧道设计图集,让碧道建设各参与方对碧道有直观的认识;编制碧道建设技术指引,指导各部门规范进行碧道建设,保障碧道建设质量(制定指导性技术文件)。

制定深圳市碧道建设与管理办法,明确责任主体,规范万里碧道深圳段的建设实施与综合管理(制定指导性技术文件)。

经过一定时间实践后,根据水务地方标准编制要求,将深圳市碧道方案设计编报及评价指引、深圳市碧道建设验收评价标准(试行)2 项指导性技术文件转化为地方标准(指导性技术文件转化为地方标准)。

(8) 生态美丽河湖。

经过一定时间实践后,根据水务地方标准编制要求,将深圳市生态美丽河湖评价指标体系及评价指引转化为地方标准(指导性技术文件转化为地方标准)。

生态美丽河湖监测评价。针对深圳市河湖特点,编制深圳市生态美丽河湖监测评估指标体系,规范和指导生态美丽河湖监测(制定指导性技术文件)。

(9) 生态海堤。根据深圳市生态海堤建设要求,编制生态海堤建设技术指引,为深圳海堤生态改造提供指导;编制海堤管养规范,为海堤养护管理提供支撑(制定指导性技术文件)。

(10) 河湖生态流量(水位)。在相关前期研究工作的基础上,结合深圳市河湖特点,编制深圳市河湖生态流量(水位)计算方法规范,为合理确定河湖生态流量(水位)提供依据;为保障合理的河湖生态流量(水位),编制深圳市河湖生态补水调度管理办法,以规范河湖生态补水管理工作(制定指导性技术文件)。

(11) 水土保持。

经过一定时间实践后,根据水务地方标准编制要求,将深圳市生产建设项目水土保持方案编制指南、深圳市生产建设项目水土保持专业初步设计与施工图设计指引 2 个指导性技术文件转化为地方标准(指导性技术文件转化为地方标准)。

土壤侵蚀模数。在一定序列泥沙监测数据积累的基础上,编制深圳市土壤侵蚀模数计算规范，为获取更准确的土壤侵蚀模数提供依据（制定指导性技术文件）。

7.3.5 水管理

（1）水务工程管理。

修订《水务工程名称代码》（SZDB/Z 2—2005）（修订地方标准）。

水务工程退役管理。结合深圳市高质量发展要求，制定各类水务工程（包括附属设施）退役评估与实施导则，为水务工程安全运行提供支撑，为水务工程退役及退役后处理方式提供依据（制定新的地方标准）。

编制深圳市水务工程及其附属设施空间管控指引，指导和规范全市各类水务工程及其附属设施空间管理范围的确定（制定指导性技术文件）。

编制深圳市水务设施集约化建设技术指引，为节约水务设施建设用地提供支撑（制定指导性技术文件）。

（2）水源工程管理。编制水源工程运行管理督查办法，加强水源工程运行监管（制定指导性技术文件）；制定水源工程、调水工程及其附属设施管养标准，保障水源工程长效运行（制定新的地方标准）。

（3）水库管理。

针对实施中存在的问题，对《铁岗水库技术管理实施细则》《石岩水库技术管理实施细则》进行细化、总结、提炼，按照水务地方标准编制要求，将其转化为地方标准，为其他水库制定技术管理实施细则提供参考（指导性技术文件转化为地方标准）。

结合深圳实际，制定水库调度规程编制导则，指导和规范水库调度规程编制（制定新的地方标准）。

水库管养。制定深圳市水库、库区涵养林管养规范，为水库、库区涵养林规范化管护、养护定额提供依据（制定新的地方标准）。

编制大中型水库管理办法，为大中型水库规范化管理提供支撑（制定指导性技术文件）。

制定全市水库高标准除险加固和拆除重建设计技术指引，规范和指导全市病险水库除险加固和拆除重建工作（制定指导性技术文件）。

(4) 水务设施运行维护。结合深圳高标准高质量发展要求，提高水务设施运行维护标准，制定深圳市各类涉水设施、水务工程、调水工程运行维护标准，为水务设施、水务工程运行维护提供依据(制定新的地方标准)。

(5) 河道管理。

为强化河道管理，修订《深圳经济特区河道管理条例》，加强河道水质监测和岸线管控(修订法律法规)。

结合高质量碧道建设要求，修订《河道管养技术标准》(SZDB/Z 155—2015)(修订地方标准)。

针对深圳市河道特点，编制河道管养定额规范，指导河道管养工作开展(制定新的地方标准)；编制河道管养质量评价和考核指南，为河道管养工作成效考核提供支撑，保障河道管养质量(制定指导性技术文件)。

针对渠化河道，编制深圳市渠化河道管理指南，明确渠化河道管理要求(制定指导性技术文件)。

(6) 小微水体管理。结合深圳小微水体分布特点，编制深圳市小微水体管养规范，明确小微水体该如何管理以及管养标准(制定指导性技术文件)。

(7) 水文站管理。

制定深圳市水文测站运行管理规范(制定新的地方标准)。

制定深圳市水文监测设备设施检查技术规定、深圳市水文监测成果质量评定技术规定(制定新的地方标准)。

制定深圳市水文监测运维服务考核细则，编制流域智慧水文站网规划(制定指导性技术文件)。

(8) 水文资料管理。为指导水文基础资料的保存和利用、水文数据库的运维管理，制定深圳市水文资料采集及整汇编标准(制定新的地方标准)；编制深圳市水情预报信息报送、共享与发布管理办法，深圳市水文数据库运行维护管理办法(制定指导性技术文件)。

(9) 安全风险管控。水务建设工程、河道、水库、暗渠暗涵、物业等5个安全风险管控工作指引较成熟，将其进一步细化，按照水务地方标准编制要求，转化为深圳地方水务标准(指导性技术文件转化为地方标准)。

(10) 财务管理。

根据地方标准编制要求，将深圳市水务发展专项资金项目概算编制审查指引(试行)转化为地方标准(指导性技术文件转化为地方标准)。

编制深圳市水务局部门预算编制指南，规范各处室单位部门预算编制(制定指导性技术文件)。

(11) 水务发展专项资金项目管理。

针对水务发展专项资金项目的立项评审与入库、批准与公布、验收等管理环节，编制深圳市水务发展专项资金项目立项评审、批准与公布、验收管理规范，明确项目立项相关管理要求、验收质量要求，规范项目立项与验收管理工作，提高项目成果对水务生产的指导作用(制定新的地方标准)。

(12) 安全生产标准化。在水利部出台的安全生产标准化建设相关指导性文件基础上，结合深圳实际，进一步细化、制定易操作的深圳市水务安全生产标准化建设指南，指导各水务部门进行安全生产标准化建设(制定指导性技术文件)。

(13) 水务工程质量与安全监督。根据水利部最新的《水利工程建设安全生产监督检查导则》要求，结合深圳实际，制定深圳市水务工程质量与施工安全监督管理办法，并将市政排水管网工程纳入水务工程质量和安全监督范围，为加强水务工程质量与施工安全监督的管理、保障水务工程建设的质量与安全提供支撑(制定指导性技术文件)。

(14) 安全管理工作手册。根据前期工作积累，编制水务工程、水务设施、暗渠暗涵、水库、供水水厂、供水管线、排水管网、污水处理设施、物业等9个领域的安全管理工作手册，为各处室的安全检查管理工作提供支撑(制定指导性技术文件)。

(15) 竣工验收。编制水务工程竣工验收管理办法，严格工程竣工手续，为高质量建设水务工程提供支撑(制定指导性技术文件)。

(16) 水务设施资产管理。编制深圳市水务设施资产管理办法，统一资产编号，规范水务资产管理(制定指导性技术文件)。

(17) 标识标牌。整合现有的涉水标识标牌设立标准性文件，制定深圳市水务设施标识标牌和导视系统建设指引，统一标识标牌设立标准(制定新的地方标准)。

(18) 定标管理。制定统一的定标工作规则,编制清标工作指引,加强定标专家管理,对定标过程进行全面监督,规范定标行为(制定指导性技术文件)。

(19) 应诉管理。编制水务行业应诉指南,为各处室单位应对投诉提供指导(制定指导性技术文件)。

(20) 水行政执法管理。编制水行政执法案件质量定量评价指引,为提高水行政执法质量提供支撑(制定指导性技术文件)。

编制深圳市水务行政处罚操作指南,统一和规范全市水务行政处罚程序流程(制定指导性技术文件)。

(21) 管养监理单位管理。编制水务管养监理单位管理办法,明确管养监理单位选取要求,保障监理单位业务水平(制定指导性技术文件)。

(22) 参建方职责界定。针对新型水务工程建设模式(如 PPP、EPC、全过程咨询等),编制新型水务工程协同建设管理办法,明确参建各方的职责及协同工作模式,指导水务部门参与水务工程建设管理工作(制定指导性技术文件)。

(23) BIM 应用。在梳理出需要应用 BIM 技术的深圳市水务工程领域基础上,针对各水务工程领域,编制水务工程设计、建设、验收等环节的 BIM 应用技术指引(制定指导性技术文件)。

(24) 智慧水务建设。编制深圳市水务信息化建设导则,明确深圳市智慧水务系统的总体框架架构、具体建设要求(制定指导性技术文件);编制深圳市智慧水务建设跨部门协同工作指南,明确智慧水务建设部门与具体业务需求部门之间的协同工作方式,指导各业务需求部门对接智慧水务建设(制定指导性技术文件);编制深圳市“水务一张图”建设指南,明确深圳市“水务一张图”的具体建设标准,指导各业务部门对接“水务一张图”建设(制定指导性技术文件)。

根据“急需先建”原则,编制水务物联感知设备选取、布设、运维技术指南,编制智慧水务系统相关的数据传输交换、数据存储、信息化图示表达、信息产品服务、信息化建设管理等 5 个方面的标准性文件(制定指导性技术文件)。

（25）流域管理。

制定深圳市流域管理条例，厘清多行政区域、多管理部门的权责划分，协同多行政主体间联动管理（制定法律法规）。

智慧流域管理。编制流域智慧管理建设指引，指导各流域中心进行流域智慧管理建设（制定指导性技术文件）。

流域调度中心建设。编制流域调度中心建设指南，统一各流域调度中心建设标准（制定指导性技术文件）。

（26）管道非开挖施工。编制深圳市供排水管道非开挖施工技术指引，规范和指导全市管道非开挖施工作业（制定指导性技术文件）。

（27）重点区域水务工程建设。在《深圳市重点区域建设工程设计导则》《深圳市重点区域规划建设设计指引导则》的基础上，进一步对重点区域水务工程（包括水系、污水处理设施、排水管渠、排涝泵站、海绵设施等）规划设计建设提出相应的技术要求，制定深圳市重点区域水务工程规划设计建设导则。

（28）水工程管理。

经过一定时间实践后，根据水务地方标准编制要求，将水工程（涉引水、蓄水工程类）范围内工程建设涉水技术规范、深圳市水源工程（水库、引调水工程）管理范围和保护范围、深圳市水务工程管理设施设置标准 3 个指导性技术文件转化为地方标准（指导性技术文件转化为地方标准）。

经过一定时间实践后，根据水务地方标准编制要求，将深圳市水务工程建设管理中心材料设备参考品牌库建设实施及入库评价方案转化为地方标准（指导性技术文件转化为地方标准）。

水务工程创优管理。编制深圳市水务工程创优指南，鼓励高质量水务工程积极申报相关奖项（制定指导性技术文件）。

（29）水库管理。

经过一定时间实践后，根据地方标准编制要求，将深圳市市管水库形象外观建设指引（试行）、深圳市市管水库标准化管理手册编制指南（试行）、深圳市市管水库标准化管理实施方案编制指南（试行）、深圳市市管水库标准化管理信息化平台建设指引、深圳市市管水库标准化管理“两册一表”编制指引（试行）、深圳市水库监管及运管平台建设导则 6 个指导性技术文件转化为地方标准(指导性技术文件转化为地方标准)。

水库开放式管理。编制深圳市水库开放管理指引,为水库开放式管理提供指导(制定指导性技术文件)。

(30) 智慧水务建设。编制智慧水务建设相关的信息分类编码、系统运行维护、信息化建设绩效考核等3个方面的标准性文件(制定新的地方标准)。

(31) BIM应用。在前期BIM应用实践的基础上,针对各水务工程领域,编制水务工程运维BIM应用标准(制定新的地方标准)。

(32) 水文管理。

开展《深圳市水文管理办法》修订工作,将其上升为深圳经济特区水文条例(制定法律法规)。

制定深圳市水文技术装备标准(制定新的地方标准)。

为规范全市水文水资源信息系统规划建设,制定深圳市水文水资源信息系统规划与设计导则(制定新的地方标准)。

结合深圳市经济发展需求,以市水务局名义编制深圳市水文事业发展规划,作为深圳水文事业发展的顶层设计(制定指导性技术文件)。

7.3.6　水文化

结合碧道建设中滨水文化系统打造积累的经验,制定深圳市滨水文化系统构建指引,展示深圳在治水过程中如何做到与历史文化资源、文化设施的相互融合,促进地区水文化的挖掘和保护,向世界贡献深圳的经验与标准(相关内容并入到碧道标准中)。

7.3.7　水景观

在分析深圳市不同区域景观风格特色的基础上,编制深圳市水务设施景观化提升技术指引,指导如何优化水务工程建(构)筑物在外观造型、色彩等方面的艺术表现形式,以达到水务工程建(构)筑物外观与周围景观相互融合,提升水务工程建(构)筑物的“景观工程”功能(制定指导性技术文件)。

结合碧道建设中滨水休闲空间打造积累的经验,制定深圳市滨水景观空间建设指引,展示深圳在治水过程中如何打造景观化、园林化、公园化的高品质滨水景观休闲空间，使滨水空间真正成为市民休闲游憩的好去处，向世界贡献深圳的做法与标准（相关内容并入到碧道标准中）。

7.3.8 水经济

结合碧道建设中滨水经济带打造积累的经验，制定深圳市滨水高质量发展经济带建设指引、水生态产品价值转化指南、水生态产品价值核算评估指引，展示深圳在治水过程中如何统筹流域内的社会经济与水治理工作，提升滨水空间环境品质，激发流域土地与空间价值，打造水城融合的产业系统，真正实现“水产城”共治，向世界贡献深圳实践“两山”理论的经验与做法（制定指导性技术文件）。

7.4 “十四五”水务标准建设任务建议

未来五年，是深圳市推进粤港澳大湾区和中国特色社会主义先行示范区“双区建设”的高速发展时期，也是水务工作高质量发展的五年。实施水务“标准+”战略，是服务深圳市水务发展“十四五”规划重点领域和重大工程，实现深圳市水务高质量、高标准、高要求发展的基础性保障工作。

7.4.1 发展目标

到2025年，全面建成支撑深圳市“十四五”水务发展的标准体系，水源及供水保障、水环境水生态、防洪防潮排涝、水务行业现代化治理、水务科技及产业发展等重点领域的标准支撑能力明显提升，基本实现“工程有标准、管理有规范、考核有办法”的发展目标。

7.4.2 建设思路

（1）以问题和需求为导向。坚持以深圳现状水务标准体系存在的主要问题、各处室单位和各级水务部门的工作需求、“十四五”水务高质量发展的需求等为导向，合理确定水务标准建设任务。

（2）开展“支撑‘十四五’重点领域和重点工程-水务局职能履行-前期工

作基础”三维立体分析(图 7-5)。坚持服务好深圳水务发展“十四五”建设的重点领域和重点工程,综合各处室单位职能履行和前期工作深度,通过三维立体分析,综合分析确定建设任务的优先次序。

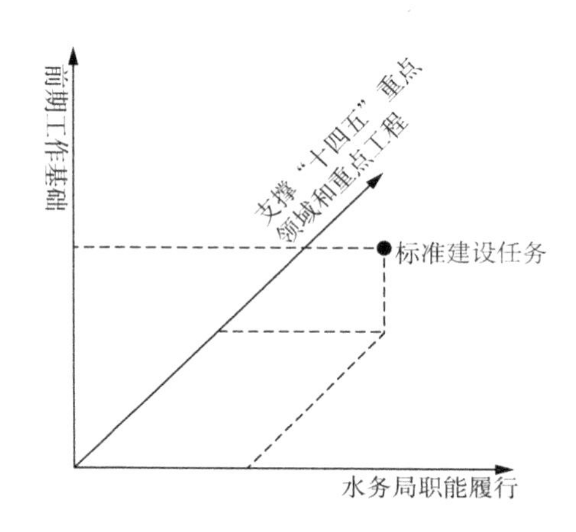

图 7-5　“支撑‘十四五’重点领域和重点工程-水务局职能履行-前期工作基础”三维立体分析示意图

(3) 合理确定分期分级建设任务。按照前期工作基础的成熟程度和“八水”功能领域的系统推进,合理确定深圳水务标准分期(“十四五”期间)分级(修、新、指 3 个层级)建设任务。

7.4.3　建设任务

1. 建设重点

根据《深圳市水务发展“十四五”规划》的水务发展主要任务,分析梳理需要水务标准支撑的相关事项。“十四五”期间,深圳水务标准化建设主要从水资源保障、水环境管理、水灾害防御、水生态修复、水务现代化治理、水务生态文明建设等 6 大方面 28 个方向完善水务标准体系(表 7-4)。

表 7-4　“十四五”水务标准建设重点

建设工程	重点水务建设领域
标准化＋水资源保障	深层水工隧洞设计与运维、水资源管理中的区块链技术应用、智慧水厂管网建设

续表

建设工程	重点水务建设领域
标准化＋水环境管理	多功能绿色水质净化厂建设、雨水快速处理、绿色污泥处理厂建设、入海污染物控制、流域全要素智能监管调度
标准化＋水灾害防御	强化"雨水调蓄模数"指标管控、立体排涝系统建设、污染雨水治理，提升雨水管网排水能力、水库除险加固、水库安全监测、超标准洪潮应急预案编制、生态化海堤建设、流域洪涝预报模型构建
标准化＋水生态修复	滨水空间经济带建设，河流、滨海生态系统修复，水库水土保持生态修复，河湖生态流量确定，河湖健康监测评估
标准化＋水务现代化治理	提升水务设施管养能力、水务长效监督评估、水务数据治理，完善水务行业信息化标准规范
标准化＋水务生态文明建设	节水统计调查和用水统计，完善非常规水资源技术标准、城市用水定额，形成覆盖全行业的海绵城市，建设深圳标准和深圳技术，水土保持定量监测预报

（1）标准化＋水资源保障

①优化区域水资源配置。推进珠三角水资源配置工程深圳境内水源配置工程体系建设，重点以罗田水库至铁岗水库隧洞工程、西丽水库至南山水厂原水工程、铁长支线二期工程为核心，构建覆盖全域水源至水厂的输配系统，制定深圳市深层水工隧洞设计与运行维护技术指引。

②水资源标准管理精准调度。搭建水源统一调度平台，探索将区块链技术应用于水资源管理，提升精细化管理水平，探索制定水资源管理中的区块链技术应用指引。

③高标准建设现代化水厂。结合重点开发区与水源建设布局，高标准新建、扩建现代化水厂。全面推进水厂处理工艺升级改造，提高应对水源水质突变的能力，进一步提升出厂水质和稳定性，制修订深圳市城市供水厂工程技术规程。

④提升用户水质与供水服务水平。完成全市优质饮用水入户工程第二阶段居民小区改造和二次供水设施提标改造，保障居民二次供水水质卫生安全稳定，制修订深圳市优质饮用水工程技术规程、二次供水设施技术规程。深度融合人工智能、大数据、物联网，建立供水智能物联网与在线监测大数据平台，强化漏失控制、优化运行、事故预警等核心关键技术应用，构建以智慧水厂和智慧管网为核心的精细化管理系统，探索制定深圳市智慧水厂管网建

设技术指引。

（2）标准化＋水环境管理

①建设绿色韧性的污水处理设施。优化污水处理设施布局，合理推进水质净化厂新建扩容和现状水质净化厂提标改造，全面提升各流域污水处理能力，探索研究水质净化厂工艺优化。结合污染雨水收集调蓄设施的建设，开展分散式处理设施功能转换，推进水质净化厂兼具污染雨水处理能力，合理布局污染雨水快速处理设施。探索水务基础设施都市化路径，推进新改建水质净化厂集公园绿地、科普教育、工业旅游、资源回用等复合功能开发，制定深圳市城市现代化水质净化厂工程技术指引。探索水质净化厂旱雨季分质排水，制定雨水快速处理设施出水标准。

②推进污泥无害化资源化处理处置。持续推进污泥深度脱水、源头减量，推广污泥资源化、能源化，制定深圳市污泥深度脱水技术指引。高标准、高质量建设深汕污泥处理处置设施，推行污泥处置设施景观化提升，化邻避为邻利，制定深圳市城市绿色污泥处理厂技术规程。

③构建全周期排污监管体系。海域范围推动建立粤港澳大湾区入海污染物总量协调控制机制，强化入海河流、海湾的污染监测，统筹排海水质净化厂的出水水质和沿海排口的监管，制定深圳市排海水污染物标准。

④建立智慧排水平台。加快打造智慧流域管控平台，建成五大流域智慧管控平台，实现对“厂、网、河、站、池、泥、源”等全要素的智能监管和精准调度，探索制定深圳市流域全要素智能监管调度技术指引。

（3）标准化＋水灾害防御

①建设立体排涝系统。通过高水高排、低水抽排、雨洪滞蓄等工程措施，进一步推进深层排水研究，建成城市立体排涝体系，力争将全市内涝防治能力逐步提升至50年一遇、重点区域内涝防治能力达100年一遇，制定深圳市立体排涝体系构建技术指引。

②推进雨洪本地化管控。系统开展污染雨水研究、制定治理规划，出台污染雨水治理技术指引和标准规范。

③提升雨水管网排水能力。结合城市内涝积水点分布，通过新建、改造现有雨水管渠，提高城市雨水管网设计标准。对于城市新建管渠，非城市中

心区暴雨重现期采用3年一遇，中心城区采用5年一遇，特别重要地区采用10年一遇标准设计雨水管道。

④完成新一轮水库除险加固。聚焦“确保全市177座登记在册的水库不垮坝、不溃坝”的根本目标，高标准、高质量地完成新一轮水库安全鉴定和除险加固工作，制定深圳市土石坝除险加固技术指引。完善水库水（雨）情和安全监测设施，实现全市水库水（雨）情测报和安全监测全覆盖、大坝安全信息全感知，制定深圳市水库安全监测技术指引。

⑤实施河道防洪提标。结合碧道建设，协同东莞、惠州推进跨界河流整治，推进茅洲河、深圳河、观澜河、龙岗河、坪山河、赤石河六大流域干流行洪能力提升至200年一遇。

⑥加强应对极端天气研究。研究全球气候变化大背景下，极端天气事件发生的频率、强度和分布等变化规律，及其对城市防洪排涝安全的影响，推进超标准洪潮应急预案的研究和编制，提升城市应对极端天气灾害的韧性能力和弹性防御能力，制定深圳市超标准洪潮应急预案编制指南。

⑦高标准建设海堤。积极应对极端天气挑战，研究和推进生态化海堤与重要河口闸泵建设，制定深圳市生态化海堤建设指引。

⑧提升雨洪智慧管理能力。依托深圳市智慧水务平台建设，不断完善并应用深圳河湾片区城市洪涝模型，同时开展建立其余各流域的洪涝预报模型，制定深圳市流域洪涝预报模型构建与应用指引。

(4) 标准化+水生态修复

①落实广东省万里碧道战略

优化河湖空间形态。将滨水空间打造为可达性高、观赏性强、互动性佳的城市空间。推进滨水空间治理，加强沿岸景观风貌的改善提升，引导城市空间和功能布局的优化，打造滨水活力经济带，在碧道建设相关标准指引中纳入滨水空间、经济带建设相关内容。

实施水务设施景观化改造。对有条件的厂站设施进行入地改造，将释放出来的地面空间打造为公共空间与市民共享；融合水务设施规划与景观设计，通过立面改造设计、色彩设计、绿色景观打造等手段实现水务基础设施的绿化、美化和软化，使其成为“星级站所”“工程展览馆”“打卡标地”，制定深圳市水务设施生态化景观化设计图集。

②实施河湖水生态修复

因地制宜开展河流生态修复，重点推进硬化河渠的生态化改造，适当恢复河道两岸水生植物带与沉水植物，提升水体自净能力。修复滨海生态系统，开展河口生态修复工程，种植适量的本地湿地植物，保护现有珍贵的银叶林，因地制宜建设河口湿地，修复河口生态系统，提升河口水体自净能力；开展海岸带生态修复，包括人工沙滩、红树林生态恢复、缓冲林带构建等，完善滨海生态廊道。制定深圳市水生态系统修复与保护指引。

实施河道生态补水，对五大流域的重要支流和主要入海河流因地制宜实施水质净化厂再生水补水，结合利用人工或天然湿地对再生水进行生态净化，提高补水质量，恢复河道自然生境。制定深圳市河湖生态流量（水位）计算与监测指南。

实施水库生态修复，通过水源涵养林建设、库区林相改造、退果（耕）还林、库区消涨带修复、崩岗生态修复、裸露边坡及迹地生态修复、水库岸线生态栖息空间营造等方式，全面治理流域内水土流失，构建水库区生态景观屏障，制定深圳市水库水土保持生态修复与监测技术指南、城市型水源地保护技术规程等。

③构建河湖健康监测评价体系

探索结合遥感技术、GIS平台等，建立流域健康监测评价体系，定期评估流域水面率、植被覆盖率、硬质地表率、景观连通性等。结合智慧水务平台建设，逐步建立与传统水环境监测数据相匹配的水生态大数据库，跟踪深圳市水生态恢复情况，形成水质—生物多样性—生境质量—岸线状况—流域健康等多维度河湖健康监测评估体系，制定深圳市河湖生态健康监测评估指南。

（5）标准化＋水务现代化治理

①提升水务设施管养能力。摸清水务资产“家底”，按照“专业化、一体化、规范化、精细化”的管养要求，提高水务资产的管养标准，加强人力、设备、物资的投入强度，强化资产管养运维的考核力度，制定深圳市水务工程设施管养定额（包括管养技术要求、消耗量定额和计价单价定额）。

②建立水务长效监督评估体制。组建监测评估中心，在统筹完善现有监

测评估体系的基础上，整合建立河湖健康监测评估、节水用水管理评估、水土保持监测评估、供水管网监测评估、污水管网监测评估、防洪减灾监测评估等体系，形成水务长效监测评估机制，制定深圳市水务长效监测评估指南。

③建立科学完善的水务数据治理体系。成立数据管理组织，构建水务数据管理体系与评估标准，指导水务行业数据治理工作。

④构建实用可靠的信息化保障体系。完善水务行业信息化标准规范体系，统一全市水务信息化技术框架，保障全市智慧水务建设有效衔接、充分共享、业务协同、互联互通。

(6) 标准化＋水务生态文明建设

①完善节水顶层设计。修订《深圳市节约用水条例》《深圳市再生水利用管理办法》，制定出台节水统计调查和用水统计管理制度，完善节水法规体系。制定中国特色社会主义先行示范区城市节水指标体系，完善深圳市节水载体创建评价标准及实施细则，提高地方节水标准。修订《深圳市雨水、再生水利用水质规范》，完善非常规水资源技术标准体系。

②强化用水总量强度双控。坚持以水定城、以水定地、以水定人、以水定产，将市、区两级行政区域用水总量、用水强度控制指标体系纳入国民经济与社会发展规划纲要，作为城市基础设施规划配置依据，制定深圳市生活、服务业、工业、农业用水定额。

③推进全域海绵城市建设。加快推动海绵城市地方标准、技术指引的修订和出台，加大海绵城市科研成果转化，形成覆盖全行业的海绵城市建设深圳标准和深圳技术，制定水务工程项目海绵城市建设技术规程、深圳市建设项目海绵设施验收技术规程等。

④建立健全水土保持监测评估体系。大力推进水土流失监测数字化、信息化建设，提升水土保持监测监管水平向精细化、智慧化发展，研究建立“定量预报—定性预警—趋势预测”的预警预报及风险应对体系，研究制定深圳市生产建设项目水土保持定量监测预报技术规程。

2. 重点建设任务

结合深圳市现状水务标准体系存在的不足，各处室单位、各区水务部门标准需求调研结果，紧扣深圳市“十四五”水务发展规划需求，按照“急需先建”原则以及前期工作积累的基础，从水生态、水安全、水保障、水环境、水文化、水景观、水管理、水经济等“八水”方面，按照“修、新、指”3个层级确定“十四五”深圳市水务标准建设计划建议。“十四五”期间共推进87部标准指引建设任务，包括修订地方标准9部、新编地方标准36部、新编技术指引42部。相关制修订任务可根据深圳市水务局各相关处室或单位调整后的主要职责进行统筹分配安排。

水安全方面，在城市水文监测、流域防洪调度、城市立体排涝体系建设、极端水（雨）情应急响应、山塘管理、超标准洪潮应急预案、流域洪涝预报模型构建等领域，新编指导性技术文件7部；在水务设施防雷领域新编地方标准1部。建议由防洪排涝、水文管理、水务安全管理等相关职能单位负责建设。

水保障方面，在优质饮用水工程、供水水质检查、再生水雨水利用、水量平衡测试、节水评估报告等领域，修订地方标准5部；在城市水源地保护、供水厂网运行管理、供水行业风险评估管控、居民安全用水、用水定额、节水载体评价等领域，新编地方标准7部；在公共场所供水设施改造、供水管网检漏、用水总量统计、建筑工程节水设施验收运维、智慧水厂管网建设、取水许可审批、深隧设计运维等领域，新编指导性技术文件7部。建议由水资源管理、供水、节水管理等相关职能单位负责建设。

水环境方面，在排水管网维护管理领域，修订地方标准1部；在小区排水设施建设移交、排水系统臭气处理、雨水快速处理出水标准、排海水质标准等领域，新编地方标准4部；在污泥处理厂建设验收、高标准水质净化厂建设、污泥深度脱水、排水暗涵运维、调蓄池运维、污染雨水治理、三池运维等领域，新编指导性技术文件7部。建议由排水、水环境水污染治理等相关职能单位负责建设。

水生态方面，在边坡生态防护领域，修订地方标准1部；在水务工程项目海绵城市建设验收、海绵设施验收、水土保持方案编制、水土保持监测、碧道设计建设评价、生态美丽河湖评价等领域，新编地方标准7部；在水生态系统修复与保护、渠化河道生态化改造、河道管理范围线划定、碧道设计图集、河湖生态健康监测、生态海堤建设管养、河湖生态流量（水位）计算等领域，新编指导性技术文件7部。建议由河湖水生态修复保护、河湖管理、碧道建设、海绵城市建设、水土保持管理等相关职能单位负责建设。

水管理方面，在水务工程名称代码、河道管养等领域，修订地方标准 2 部；在重点区域水务工程建设、水务工程退役、水库调度规程编制、水文测站、水文监测、水文资料采集汇编、水务设施标识标牌建设、水务信息化智能感知和基础设施建设、水务工程信息模型、智慧水务、水工程（引、蓄水）管护范围内涉水项目建设、水务工程管理设施设置、城市水务工程建设造价定额、水务设施管养定额、水务工程安全风险分级管控等领域，新编地方标准 17 部；在水务工程及其附属设施空间管控、水务设施集约化建设、土石坝除险加固、小微水体管养、水文监测运维服务考核、水务工程竣工验收、供排水管道非开挖施工、水库开放管理、水资源区块链技术应用、流域全要素智能监管调度、水务数据管理体系与评估等领域，新编指导性技术文件 11 部。建议由水务工程建设管理、水务设施管理、水文管理、河道管理、水库管理、智慧水务建设、水务工程造价管理、水务工程风险管控、供排水管理、水资源管理、流域管理等相关职能单位负责建设。

水景观方面，在如何提升深圳市水务设施景观化生态化水平等领域，新编指导性技术文件 1 部。建议由水生态建设、水务设施建设管理等相关职能单位负责建设。

水经济方面，在如何转化、评估水生态产品价值等领域，新编指导性技术文件 2 部。建议由水生态建设等相关职能单位负责建设。

7.4.4　保障措施

水务标准建设是一项艰巨的任务，同时又是一项复杂的系统工程。为切实推进水务标准建设，保证建设目标的实现，必须高度重视计划的实施工作，积极采取有效措施，从组织领导、资金筹措、技术人才、监督考核和宣传教育等方面对计划的落实予以保障，为建设任务实施创造良好的环境。

1. 组织领导

成立深圳市水务局标准化建设工作领导小组，局主要领导任组长，完善相关议事规则，听取水务标准体系建设情况，审议标准建设内容，协调解决工作推进中存在的问题。各责任处室主要负责同志履职担当，亲自研究，并指派业务骨干具体负责标准建设。成立深圳市水务标准化技术委员会，建立标准审查专家库，联合专业技术组技术骨干和技术委员会对标准进行多重论证把关，提高标准输出质量。开发建设水务标准规范管理系统和数据库系统，实现水务标准规范立项、起草、意见征集、审查审议、发布、实施、检索等业务全链条智慧化管理。

2. 资金筹措

制订科学合理的年度投资计划，处理好五年计划与年度财政预算之间的关系，高效利用政府性基金以及专项资金等工具，对于列入计划要编制的标准规范、技术指引，在申请水务发展专项资金时简化立项审批程序，加快资金计划下达，保障资金的稳步投入。积极鼓励社会团队、企业等参与到标准编制工作中，多方筹集编制经费。加强标准建设前期谋划，将标准编制与具体水务建设项目相结合，建设一批工程，形成一批标准，综合落实水务标准的编制任务和经费。

3. 技术人才

深圳市水务发展“十四五”规划对水务建设和管理工作提出了更加前卫、更加全面和更加综合的新要求。随着深圳“双区”建设的全面深入推进，国内外水务科研院所，规划设计、施工管理等顶级单位云集于此，深圳市水务标准建设要通过政府引导，充分发挥市场主体的活力，打造专业结构更加齐全、知识底蕴更加深厚、管理经验更加丰富的标准编制支撑单位和人才队伍，推进深圳标准的高水平高质量发展。

4. 监督考核

加强标准实施后跟踪管理，进一步完善标准实施效果评估机制，实现标准实施效果评估工作常态化，定期开展水务标准实施效果评价工作。加强标准复审与标准实施信息反馈、标准实施效果评估等工作的衔接联动。加快与《深圳市地方标准管理办法》衔接，出台《深圳市水务局标准化工作管理办法》，规范水务标准制修订程序。将水务标准建设列入局重点工作任务，加强部署推进、监督考核。

5. 宣传教育

标准规范、技术指引发布后要及时对外公布，同步解读，多形式、多渠道加强宣贯培训，强化落实，促进水务标准对深圳市水务建设的支撑作用，提高社会公众和企业标准意识，营造共同推进水务标准化建设的良好氛围。

7.5 远期水务标准建设任务建议

远期主要是指2025年之后的水务标准建设任务。为了逐步完善深圳市水务标准体系，结合深圳市现状水务标准体系存在的不足、各处室单位标准编制需求调研结果以及未来水务发展需求，按照"急需先建"原则，从水安全、水保障、水环境、水生态、水管理等方面提出急切程度次于"十四五"建设任务的水务标准，以指导性技术文件转化为地方标准为主。

在水安全方面，主要在水毁工程认定管理、水文分析计算、水文预报等领域推进水务标准建设。

在水保障方面，主要在饮用水处理设备卫生管理、取水许可电子证照审批管理、深层水工隧洞运行维护、海水淡化等领域推进水务标准建设。

在水环境方面，主要在深圳市污水管网建设、建筑小区排水管渠运行维护、排水管网在线监测，深圳市正本清源工作、雨污分流管网运维、排水系统雨（清）污混接调查、排水达标单位（小区）验收，深圳市暗涵水环境整治、安全检测、运行维护等领域推进水务标准建设或指导性技术文件转化为地方标准。

在水生态方面，主要在碧道生态调查与生物多样性保护，河道污染底泥清淤工程设计与施工，水务类海绵城市施工图设计审查，生产建设项目水土保持专业初步设计与施工图设计，土壤侵蚀模数计算，水土保持区域评估，河湖基质构建、水生植物系统构建、水生生物系统构建、水生态修复评估等领域推进水务标准建设或指导性技术文件转化为地方标准。

在水管理方面，主要在水务工程创优，深圳市水源工程管理保护，深圳市市管水库形象外观建设、标准化管理建设、监管及运管平台建设，深圳市水文技术装备，深圳市水文水资源信息系统规划与设计、智慧水务在线监测等领域推进水务标准建设或指导性技术文件转化为地方标准。

7.6　水务标准管理工作建议

水务标准管理的总体思路是成立领导机构，完善制度建设，落实责任主体，制定“十四五”标准规划和年度任务清单，依托高水平技术支撑团队，常态化调研标准需求，高质量编制各项标准，持续开展标准宣贯工作，加大力度推进水务团体标准建设。

1. 领导机构

借鉴市住建局做法成立标准化委员会，成立以局主要领导为组长的水务局标准建设工作领导小组，指导水务标准化工作的开展。

2. 制度建设

制定《深圳市水务局标准化工作管理办法》，厘清各处室单位职责分工，形成标准管理工作闭环。

3. 支撑团队

支持建立水务技术标准体系固定支撑团队与高层次标准化专家库，组织专家深层次介入标准需求调研、编制等环节，提高标准编制质量。扩大水务标准编制团队力量，联合水务部门以外的其他部门共同参与水务标准编制，一些高度专业化的水务标准可以由相关企业或者水务协会代为组织编制，市水务主管部门可以给予相关支撑，如设置专门的水务标准优秀奖，激励相关企业和协会参与水务标准编制。

4. 信息建设

加快标准规范管理系统上线运行，实现水务标准规范指引全链条智慧化管理，提高标准建设管理效率。

5. 加强宣贯

多形式、多渠道宣贯解读，加强标准执行监督，强化企业标准意识，并及时梳理、总结正在实施的标准、规范和指引的问题与经验。

6. 团体标准建设

团体标准具有增加市场标准有效供给、适应市场变化、更新快等特点，是深圳市水务标准体系的一部分。按照《关于加强水利团体标准管理工作的意见》(水国科〔2020〕16 号)的要求,市水务局可以开展水务团体标准试点,探索水务团体标准制定、推广的路径方法。鼓励本地的水利水电行业协会、水务学会等具备相应能力的社会组织和产业技术联盟协调相关市场主体,共同制定满足市场和创新需要的团体标准;鼓励将创新成果融入团体标准。对社会普遍需要、实施良好的水务技术团体标准、企业标准,可推荐转化为深圳地方标准、行业标准,打通团体标准、企业标准升级为地方标准的通道,积极纳入深圳市水务标准体系当中。加强对水务社会团体标准化工作的指导与监督,引导团体标准依法有序发展。发挥深圳市水务基础研究计划、重大技术攻关项目、水务发展专项资金项目对标准创新的带动作用,推动水务科技成果和核心专利转化为团体标准,实现水务科研与团体标准研究同步、科技成果转化与团体标准制定同步、科研产业化与团体标准实施同步。